Dietrich Volkmer

Griechische Momente

Mythen, Reisen, Menschen

Dietrich Volkmer

GRIECHISCHE MOMENTE

Mythen, Reisen, Menschen

Die Deutsche Nationalbibliothek verzeichnet diese
Publikation in der Deutschen Nationalbibliografie;
Deteaillierte bibligrafische Daten sind im Internet über
http://dnb.ddb.de
abrufbar

Text, Layout und Umschlaggestaltung
Dr. Dietrich Volkmer   Fotos: Dr. D. Volkmer
www.literatur.drvolkmer.de

Internet-Seiten
www.literatur.drvolkmer.de
www.privat.drvolkmer.de
www.drvolkmer.de

Herstellung und Verlag
BoD Books on Demand
Norderstedt
Printed in Germany,

ISBN 9783755772729

Inhalt

Sehr geehrte Leser dieses Buches. Der Text wurde von mir mehrmals auf Fehler kontrolliert. Sollten Sie trotzdem welche finden, so sehen Sie es mir bitte nach. Eigene Fehler zu finden ist eine schwere Aufgabe.

Griechische Momente

Ein Moment ist eine Zeiteinheit unbekannter und unwägbarer Größe und Länge. Er kann kurz sein wie der Blitz eines Nacht-Gewitters, der die Landschaft in ein fahles Licht taucht. Oder es kann ganz profan jene Zeit sein, mit der man gefühlt ewig lange in der Zeitschleife am Telefon hängt und getröstet wird „Bitte warten Sie einen Moment, wir sind gleich für Sie da."

In einem Moment kann dem Menschen eine Erkenntnis nahe kommen, die sein Leben in andere Bahnen lenken kann. Ein Moment kann irgendwie auch der Geburtshelfer für eine Idee sein, auf die man lange gehofft hat.

Kurzum, ein Moment ist ein äusserst individuell geprägter und empfundener Zeitbegriff, ein subjektives Phänomen und keine objektivierbare Tatsache.

Für dieses Buch waren es mehrere griechische Momente, die in ihrer Gesamtheit den Anstoß zu diesen Zeilen gaben.

Natürlich gibt es keine griechischen Momente per se, ebenso wenig wie es deutsche Momente gibt. Es sind mehr die Eindrücke, die sich in einem Moment einprägten und aus denen sich eben eine kürzere oder längere Erlebnisgeschichte herauskristallisierte.

Da es verschiedene Momente waren, soll daraus auch kein zusammenhängender Roman entstehen, sondern es ist eine Sammlung von persönlichen Eindrücken, die Griechenland mir zu bieten hatte, wobei ich einschränken muss, es sind in erster Linie die Ägäis mit ihren Inseln und Küsten, die Ionischen Inseln und dann noch vor allem der Heilige Berg Athos.

Diese vielen Inseln, und Griechenland hat Hunderte, haben alle ihren eigenen Charakter, ihre eigene Geschichte und vielfach ihren eigenen Liebreiz.

Alles begann mit einer Studiosus-Reise zu den Inseln Lesbos und Chios. Unser deutscher Reiseleiter, den die Griechen wegen seiner Frisur Petros nannten, schien sich in dieser Gegend gut auszukennen, war mit den Gewohnheiten der Einwohner gut vertraut und konnte sich auch mit den Griechen in ihrer Sprache unterhalten.

Das hat mir imponiert und ich dachte, warum nicht einmal etwas Ähnliches versuchen. Daraufhin habe ich auf der Volkshochschule zwei Jahre einmal wöchentlich einen Griechisch-Abendkurs besucht und hier in griechischen Restaurants versucht, mein Griechisch zu verbessern.

Im Nachhinein habe ich früher etwas bedauert, dass ich auf dem Gymnasium den einfacheren Weg gewählt habe, und neben Englisch und Latein als dritte Fremdsprache Französisch und nicht wie mein Banknachbar Alt-Griechisch gewählt habe.

Wobei ich aber zu meiner Erleichterung einschränken muss, dass heutzutage keine Grieche mehr die Sprache der antiken Altvorderen versteht. Die Buchstaben sind aber geblieben.

Eine diesbezügliche herrliche Karikatur fand ich in einem meiner Griechischbücher. Es zeigt die Begegnung eines deutschen Philhellenen mit einem Griechen der Neuzeit. Die ersten Worte der homerischen Odyssee rufen nur ein verständnisloses „Aha, deuts(ch)" hervor.

Weiter kam meine Begeisterung für die Bücher von Peter Bamm hinzu, der in meinen Augen einer der tiefgründigsten und intellektuellsten, humanistisch gebildeten Essayisten der deutschen Sprache war.

Sein Buch „An den Küsten des Lichts" war für mich eine wahre Offenbarung. Niemand hat meines Erachtens diese Landschaft mit einer solchen begeisternden und farbigen Intensität und mit einem solchen mythologischen und geschichtlichen Überblick zu Papier gebracht.

Als ich dieses Buch zusammen mit dem Buch „Frühe Stätten der Christenheit" das erstemal las, ahnte ich nicht, später einmal diese Gebiete zu besuchen.

Lesbos – Die Insel der Sappho

Wie im Prolog beschrieben, war Lesbos, die Insel der Poetin Sappho, so etwas wie die Initialzündung für meine Liebe zu Griechenland. Auf dieser Reise kam ich das erstemal näher mit dem Phänomen Sappho, so möchte ich es einmal etwas respektlos bezeichnen, in Berührung.

Zu Hause angekommen, bestellte ich mir eine Reihe von Büchern, die sich mit Sappho und ihrer Insel beschäftigten.

Ein einmaliger Besuch erschien mir nicht ausreichend, ich wollte mehr über die Insel, die Landschaft und die Gegend wissen, in der sie gelebt hatte.

Also zog es mich noch drei weitere Male auf die Insel.

Immer, wenn mich etwas faszinierte, versuchte ich einen zweiten Anlauf oder noch weitere, um die Eindrücke zu intensivieren.

Das war später bei der Insel Ithaka der Fall, und – das fällt zwar aus dem griechischen Rahmen - auf der Osterinsel im fernen Pazifik, und später noch bei der Mönchsrepublik Athos auf der Halbinsel Chalkidike.

Sappho lebte um 600 vor Christi Geburt – man kann sie als Ahnherrin (kann man auch Ahnfrau sagen?) weiblicher europäischer oder abendländischer Dichtkunst bezeichnen. Im Norden Europas herrschte damals in jeder Hinsicht kulturelles Nirwana.

Sie war die erste, die das griechische Primat in Frage stellte, dass nämlich nur männliche Jugendliche eine voreheliche Erziehung genossen.

So bildete Sappho in ihren späteren Jahren um sich eine Schar von jungen Mädchen, die bei ihr eine voreheliche Ausbildung in Tanz, Gesang, Dichtung und Diskussion erhielten. Aus ganz Hellas schickten wohlhabende Eltern ihre Töchter zu ihr.

Dies und ihre Gedichte nahm man in späterer Zeit zum Anlass, ihr weibliche Homoerotik zu unterstellen, die ungerechterweise nach der Insel Lesbos benannt wurde.

Viele Mädchen und Frauen, die sich dieser Art von Liaison verbunden fühlten, unternahmen Reisen nach Lesbos, sozusagen der Quelle ihres So-Seins.

Das schien den männlichen Einwohnern der Insel überhaupt nicht zu gefallen, wie sie es uns mehrmals zu verstehen gaben. Sie hatten dafür nur eine kurze spitze Bemerkung „trellos" – auf griechisch „verrückt".

So erlebten wir eines Tages ein Parade-Beispiel des völligen Missverständnisses der Intentionen der Poetin.

Wir sassen im Süden der Insel in dem Strandort Skala Eressou in der Nähe ihres Geburtsortes Eressos in einem Café direkt vor einem kleinen Hotel, das passenderweise den Namen „Sappho" trug.

Da öffnete sich die Hoteltür und heraus schritten zwei weibliche Wesen in Springerstiefeln, militärischer Tarn-Uniform und kurz geschnittenem Stoppelhaar.

Der Kellner des Cafés schaute nur kurz auf und tippte sich an die Stirn.

Diese Kleidung entsprach überhaupt nicht dem Wesen der Sappho. Das war der Kriegsgott Ares (Mars) pur, weiblich verunstaltet.

Sappho war eine glühende Anhängerin der Göttin Aphrodite, die für Schönheit, Anmut und Liebe stand.

Und diese Göttin spielte in ihren zarten Gedichten eine große Rolle.

Dadurch motiviert habe ich mir in diesem Buch, in dem das Thema Mythen eine große Rolle spielt, erlaubt, eine eigene mythologische Geschichte hinzuzufügen.

Ein mythisches Märchen

An einem Frühjahrsmorgen im Jahre 596 vor Christi Geburt saß ein junges Mädchen verträumt im Schatten einer Kiefer am Strand von Eressos. Mit einem Tonkrug hatte sie sich Wasser aus dem Meer geholt, den Sand vor sich befeuchtet und malte wie gedankenverloren mit einem abgebrochenen Zweig Figuren in den nassen Sand. War die feuchte Erde mit Zeichnungen zugedeckt, so dass jeder neue Zweigstrich keinen Platz mehr fand, wischte sie, wie jäh aus ihrer Gedankenabwesenheit erwachend, mit der flachen Hand alles wieder glatt.

Wer ein wenig genauer hinschaute, sah getrocknete Tränen in ihren Augen. Heute morgen hatte ihr die Mutter völlig überraschend eröffnet, dass die gemeinsamen Tage in Eressos gezählt seien und die Familie nunmehr nach dem Tode des Vaters nach Mytilene zu Verwandten umziehen wolle. Nur dort sei für die Kinder eine entsprechende Ausbildung möglich. Sappho hatte zuerst bitterlich geweint. Dann würde sie ja alles verlieren. Ihre Freundinnen, den Garten, der vertraute Anblick auf die Berge und ihr schwarz-weiß-braun geflecktes Kätzchen, das ihr so viel Freude machte.

Die Mutter beruhigte sie, das Kätzchen dürfe sie schon mitnehmen. Die Stadt Mytilene sei doch viel spannender und interessanter, viele große Häuser, viel größer als hier in Eressos und zudem könne man im Hafen die fremden Schiffe beobachten, die Handelsware nach Mytilene brachten, um wiederum Früchte, Gemüse und Holz aus Lesbos mitzunehmen.

Die Kleine schüttelte nur trotzig-weinend den Kopf und lief hinaus an ihren Platz am Meer, an dem sie oft und gern allein saß und dem glitzernden, ewig rollenden Spiel der Wellen zuschaute.

Ein Schatten fiel auf ihr Gemälde im Sand. Erschrocken blickte Sappho auf. Vor ihr stand eine wunderschöne Frau, die sie noch nie gesehen hatte.

Ein weißer Umhang, in Falten drapiert, fiel lose von ihrer linken Schulter und wurde von einem goldenen Gürtel zusammengehalten. Ihre zierlichen Füße steckten in goldenen Sandalen.

Das strahlende Gesicht mit den leuchtenden blauen Augen wurde umrahmt von schwarzen Locken. Ein Kranz aus roten und weißen Blumen schmückte ihr Haar.

Vor Schreck und wie geblendet brachte Sappho keinen Ton heraus.

„Nun, erkennst Du mich?" Mit ihrer wohlklingenden Stimme durchbrach das lichte Wesen das eingetretene Schweigen.

Sappho schüttelte wortlos den Kopf. Ihr, deren Mundwerk zu Hause kaum stillstand, hatte es einfach die Sprache verschlagen.

„Ich bin Aphrodite, ihr nennt mich auch die Schaumgeborene".

„Doch, meine Mutter hat diesen Namen oft erwähnt. Und sie wünschte, ich käme ihr gleich."

„Deswegen bin in heute zu dir gekommen, meine liebe Sappho. Die olympischen Götter waren dir bei deiner Geburt sehr wohl gesonnen. Mit Wohlgefallen blicken wir auf dich, denn wir haben Großes mit dir vor.

Nun ist der Zeitpunkt gekommen, um dich ein wenig in unsere Entschlüsse einzuweihen." „Ich weiß nicht, was ich dir antworten soll." Sappho brachte den Satz nur mühsam heraus, obwohl ihre flinke Zunge unter ihren Altersgenossinnen bekannt war.

„Ich habe dich auserwählt, um hier auf der Erde von all dem zu berichten, zu singen und zu dichten, was ich den Menschen nahebringen möchte. Liebe, Anmut, Harmonie - all das wird dich dein späteres Leben begleiten."

Sappho hatte inzwischen ihren Mut wiedergefunden.

„Werde ich denn auch so schön und licht sein wie du? Ja, ich wünsche mir, schimmernd und strahlend durch die Welt zu gehen wie du!"

Aphrodite lächelte und strich Sappho mit der rechten Hand sanft über das Haar.

„Ich werde mein Auge immer wohlwollend über deinem Schicksal ruhen lassen. Großes wirst du vollbringen. In fernen Zeiten wird man, wenn man meinen Namen nennt, auch deiner gedenken. Mehr zu sagen ist auch mir nicht gestattet. Nur vergiß eines nicht: Allein die Götter sind unsterblich."

Zu gern hätte Sappho noch Fragen an die Himmlische gestellt, doch so plötzlich wie Aphrodite gekommen war entschwand sie.

Sappho rieb sich die Augen. Hatte sie alles nur geträumt?

Hatte der Schreck über die bevorstehende Abreise ihre Sinne verwirrt? Was war Traum, was Wirklichkeit?

Entschlossen stand sie auf, wischte die Striche im Sand mit dem bloßen

Fuß aus und machte sich auf den Weg nach Hause. Ihre Mutter Kleis kam ihr bereits suchend entgegen. Das lange Fernbleiben ihrer Tochter hatte sie beunruhigt. Sappho war an diesem Abend entgegen ihren sonstigen Gewohnheiten sehr schweigsam.

Sie beschloss, das Erlebte in ihrem Herzen aufzubewahren und niemandem gegenüber auch nur ein Wort darüber zu verlieren.

Eine Anrufung der Göttin Aphrodite

Um einen kleinen Eindruck der Dichtkunst Sappho zu zeigen, mögen diese Zeilen dem Leser sie etwas näher zu bringen.

Ein kleines Gedicht aus ihrer Jugend:

Was Eos, die rosenfingrige, leuchtend bewegt hat,
führst du, Hesperos, abends wieder zurück,
geleitest Schafe und Ziegen sicher zum Stall
und das müde Kind heim zur Mutter.

Und hier noch einige Zeilen ihrer Anrufung

Anrufung der Aphrodite

Golden im Lichte, thronende Aphrodite.
Listiges Kind des Zeus, ich rufe dich an.
laß mich nicht länger in Not und Verzweiflung
bitten und klagen

Hilf mir und eile herbei, so wie du früher
meinen flehenden Liedern gnädig gelauscht hast.
da kamst du gleich aus des Vaters Haus mit
dem schimmernden Wagen

schirrtest ihn an mit bunten schwirrenden Vögeln
die durch das strahlende Blau, durch die Helle des Äthers
brachten dich über die dunklen Länder der Erde
eilends zu mir.

Und du erschienst, Himmlische, mit einem Lächeln
auf dem unsterblichen Antlitz fragtest du huldvoll
was ich wieder erdulden müsse. warum ich so
flehentlich riefe?

Kreta – die grösste Insel der Ägäis

Kurze Geografie des Ostens

Der Osten Kretas - damit wollen wir einmal weitgehend jene Region umschreiben, die östlich einer gedachten Linie zwischen Agios Nikolaos und Ierapetra liegt - ist zum Glück touristisch noch nicht so verdorben wie die Orte an der Nordküste, an denen die Badetouristen in mehreren Reihen an den Sandstränden liegen, um irgendetwas sehr Vergängliches mit nach Hause zu nehmen - die Bräune. Hier im Osten ist noch Platz für Individualisten.

Wenn es für Sie, verehrte Leser, dem besseren Verständnis dient, kann es helfen, in dem Reiseführer, den sie vielleicht von einer Kreta-Reise noch im Schrank haben, einen Blick auf die Geografie zu werfen.

Im Norden dieses Ostens liegt die grosse Mirabello-Bucht.

An der dünnsten Stelle, der Wespentaille von Kreta, liegt im Süden Ierapetra, die südlichste europäische Stadt. Die Temperaturen sind im Frühjahr und Herbst bis fast in den Winter hinein angenehm und warm. Wer mit dem Auto nach Ierapetra hineinfährt, wird erst einmal erschrocken sein ob der vielen Gewächshäuser, die mit Plastikfolien abgedeckt sind und zugegebenermassen die Landschaft etwas verschandeln. In diesen Treibhäusern werden Gemüse, Obst und Blumen gezogen, denn die milden Temperaturen im Winter fördern das Wachstum.

Wer sich die Mühe macht und westlich von Ierapetra das auf kurviger Strasse erreichbare Bergdorf Anatoli ansteuert oder zum grössten Stausee Kretas fährt, der hat einen nicht gerade berauschenden Blick auf die mehr als zahlreichen Gewächshäuser. Leider haben die Griechen noch kein so rechtes Umweltbewusstsein. Denn es gibt viele nicht mehr benutzte Treibhäuser - die Plastikfolie ist zerrissen, die Holzgerüste stehen als Torso dar und der Wind zerrt an den noch anhaftenden Plastikbahnen. Entsorgung spielt offenbar im Mittelmeerraum noch nicht die gebührende Rolle.

In Ierapetra wird eine Schiffsfahrt zu der Insel Chrissi, auch Esels-Insel genannt, angeboten. Fahrtdauer eine Stunde. Die Insel ist unbewohnt und bietet einige schöne, z.T. weisse Strände mit wundervoll türkis-blauem Meer. Verpflegung und Wasser sollte man mitnehmen, denn die Preise auf dem Schiff und drüben in der tagsüber offenen Taverne sind alles andere als touristenfreundlich.

Aber in meiner Liebe zu griechischen Inseln taucht sie nur als kurzes Intermezzo auf.

Im Nordosten der Insel Kreta führt die Strasse von Agios Nikolaos nach Sitia, kurvig wie fast alle Strassen auf Kreta. Es lohnt sich, diese Strasse einmal zu später Nachmittagsstunde von Sitia in Richtung Westen zu fahren. Von oben herab ergibt sich ein grossartiges Panorama-Bild auf die Mirabello-Bucht, in der sich die in den Meereswellen zerstiebenden Sonnenstrahlen spiegeln. Bevor der Abstieg zum Meer herunter beginnt, liegt auf der rechten Seite eine kleine ökologisch ausgerichtete Taverne, betrieben von einer Engländerin. Dort führt auch die Abzweigung nach Norden, wo sich der Club Aldiana befindet. Der kleine, in der Nähe liegende Ort Mochlos war früher mal so etwas wie ein Zentrum für Hippies und Aussteiger. Die Strände sind nur klein, aber der Abstecher lohnt sich. In den beiden letzten Tavernen des Ortes hat eine Schweizerin und in der anderen eine Holländerin jeweils einen Griechen geheiratet und führt mit ihm das Geschäft. Eine Tatsache, die wir in Griechenland des öfteren beobachtet haben - dass nämlich nordeuropäische Touristinnen im Urlaub einen Griechen kennen gelernt haben und aus Liebesgründen gleich im Land geblieben sind.

Im äussersten Nordosten ist eine der Naturattraktionen der Insel zu sehen - der Palmenstrand von Vaï. Ein erstaunliches Erlebnis - man fährt durch karge karstige Landschaft und sieht auf einmal die ersten, vom Staub des Frühjahrs etwas angegrauten Palmen. Am Strand hat die Reinigungskraft der Meeresluft ihnen die grüne Farbe erhalten. Diese Art von Palmen ist nach Angaben der Wissenschaftler nur hier beheimatet, endemisch also. Wer natürlich andere Palmenstrände kennt - sei es von Ostafrika, von der Südsee oder der Karibik, der kann sich diesen Abstecher getrost ersparen.

Die Chandras-Hochebene

Es ist bereits heiss gewesen in diesem Frühjahr - es ist Anfang Juni und der Sommer ist nicht weit entfernt. Ein Teil der Pflanzen ist bereits braun geworden und die Frühjahrsblütenpracht ist in den küstennahen Regionen verschwunden.

Von Ierapetra zieht sich die Strasse nach Sitia im Nordosten durch bergiges Land hindurch.

Nach ca 30 km erreicht man die Chandras-Hochebene. Die Luft ist anders, milder, noch frühlingshafter, der nahende Sommer hat sich noch nicht so intensiv ausgewirkt.

Auf schmalen Strassen durchqueren wir die Landschaft, kaum ein Tourist verirrt sich hierher und auch die Kreter mit ihren Pick-up-Kombis sind selten anzutreffen.

Hier ist er noch zu verspüren, der Zauber der griechischen Landschaft, den der von mir sehr verehrte kretische Schriftsteller Nikos Kazantzakis so wundervoll beschrieben hat. Der rote Klatschmohn blüht noch an Wegesrändern und unter den alten Olivenbäumen, die sich über Täler und Berge wie grüne Perlenketten hinwegziehen. Der gelbe Ginster streckt seine Blüten dem Besucher entgegen und strömt einen angenehmen Duft aus. Am Boden wächst, zum Teil von der hartgestrüppigen, ubiquitären Macchia umgeben, der Thymian. Kostas, ein früherer Reiseleiter hat uns auf einer Wanderung über die Kykladen gezeigt, wie man sein Aroma erspüren kann. Man fährt einmal mit dem beschuhten Fuss durch die Thymian-Büschel und sogleich ist er da, das sonnendurchwirkte, kraftvolle Aroma des Südens. Die Steineiche mit ihren kleinen Blättern säumt die Wege, grosse Disteln mit violetten Blüten locken die Schmetterlinge an, Feigenbäume und Akazien runden das Bild der Flora ab. Über allem liegt eine fast beschauliche Ruhe, die zum Verweilen und zum Schauen geradezu herausfordert, nur das Zwitschern der Lerchen fügt dem optischen Eindruck noch einen akustischen Glanzpunkt hinzu.

Griechische Namen

Am Beginn dieses Kapitels stand ein Aufenthalt in einem Hotel in der Nähe von Rethymnon, im mittleren Norden von Kreta. Nun, Hotel-Prospekte zeigen immer nur die sonnigen Seiten.

Kurzum, Hotel und vor allem Strand und Umgebung gefielen uns nicht so sehr.

Ein Aufbruch in den Süden sollte für Abwechslung sorgen.

Nach der Durchquerung der Kourtaliotis-Schlucht tat sich bis zum Meer eine weite grüne Landschaft mit Olivenbäumen auf.

Wir bogen in eine kleine Strasse ab, die zu einem Ort namens Damnoni führen sollte.

Unterwegs hielten wir an einem kleinen vielversprechenden Geschäft mit Namen Kreta 2000. Es stellte sich als eine etwas gelungene Miniatur-Mischung zwischen Edeka und dm-Drogerie heraus. Der Besitzer hatte in Deutschland studiert und trug den vielversprechenden Namen Adonis. Er hatte viele interessante Natur-Produkte in seinem Laden.

Der männliche Name Adonis steht für einen gut aussehenden Mann.

In Deutschland ist dieser Name nicht so geläufig. In weniger gebildeten Schichten dürfte der Name weitgehend unbekannt sein. Und in anderen Kreisen werden es die Eltern kaum wagen, einem Sohn einen solchen Namen zu geben, müssten sie dann doch in der Furcht leben, ihren Sohn mit der lebenslangen Hypothek zu befrachten, immer gut aussehen zu müssen, um diesem Namen gerecht zu werden.

In der Mythologie zeigt die Geschichte um Adonis viele verwirrende Wege, die wir uns bis auf eine ersparen wollen. In einer Geschichte fand die Liebesgöttin Aphrodite ihren Gefallen an diesem Jüngling. Der Kriegsgott Ares, der ab und zu auch ein Auge auf Aphrodite warf, erfuhr eifersüchtig von Aphrodites neuer Neigung. Er verwandelte sich in einen wütenden Keiler und tötete den Schönling. Aphrodite war darüber untröstlich und aus dem roten Blut des Getöteten liess sie rote Anemonen erblühen.

Einige Meter weiter fanden wir einen schönen Strand mit einer Taverne. Diese Taverne wurde später bei all unseren Reisen in diese Gegend meine Lieblings-Taverne. Stavros, der Wirt, stand wie ein preussischer Offizier vor dem Thresen und dirigierte das ganze Geschehen.

Hier bediente uns ein freundlicher Grieche, zufällig auch mit Namen Adonis. Dieser Adonis verblüffte uns eines Tages, als wir wieder in der Gegend waren, als er uns seinen Sohn vorstellte.

Der hiess Perikles.

Welch ein Faible für die grosse antike Vergangenheit ihres Volkes, indem man berühmte Namen von früher übernimmt.

Ein anderes Erlebnis, was Namen anbetrifft, erfuhren wir in der Inselmitte im Ort Argyropolis, zu gut deutsch: Silberstadt. Die Römer hatten hier offenbar nach Silber geschürft. Unterhalb der Stadt zeigte sich uns ein im wahrsten Sinne berauschendes Ambiente. Kleine Bäche und Quellen rauschten ringsherum aus dem Fels und durch eine Taverne hindurch.

Einige Tavernen hatten sich in dieser wahrhaft paradiesischen Umgebung angesiedelt.

In einer der kleinen Gaststätten bediente uns erst die Mutter (ihren Namen habe ich vergessen), doch dann kam die Tochter zu Hilfe.

Neugierig fragte ich sie nach ihrem Namen. Sie hiesse Evrisiki. Mit diesem Namen konnten wir erst einmal überhaupt nichts anfangen. Türkisch war es mit Sicherheit nicht, denn nach einer Besetzung von über vierhundert Jahren dürften Griechen nur schwerlich eine Vorliebe für türkische Namen entwickelt haben.

Also was war es?

Dann kam die Erleuchtung. Die Griechen sprechen die Buchstabenfolge Eu wie Ev aus. Der Name Euro wird wie Evro ausgesprochen. Also begann der Name mit Eu. Es war also Eurydike, die tragische Geliebte von Orpheus, die an einem Schlangenbiss gestorben war.

Weil seine Liebe zu Eurydike so unermesslich gross war, erhielt Orpheus vom Herrscher der Unterwelt die Erlaubnis, sie wieder an die Oberwelt mitzunehmen. Aber mit einer Bedingung: Er durfte sich beim Verlassen des Hades niemals nach ihr umsehen.

Leider befolgte Orpheus dieses Gebot nicht und so verlor er seine Geliebte ein zweitesmal, diesmal für immer.

Erstaunlich und konservativ, dass Eltern ihren Sprösslingen noch Namen geben, die mehr als tausend Jahre alt sind.

Ansonsten ist die Phantasie der Griechen bei der Namensgebung ihrer Kinder etwas eingeschränkt.

Würde man auf einem belebten Platz zum Beispiel in Athen lauthals Kostas, Dimitri, Stavros oder Iannis rufen, drehen sich mindestens die Hälfte der männlichen Passanten um, die weiblichen höchstens nur, wenn sie jemanden mit diesem Namen vermissen oder suchen.

Kreta und der Beginn Europas

Hier könnte es gewesen sein, an dieser Stelle der Ostküste Kretas, an der sich das Meer nicht schroffen Felsen gegenübersieht, sondern das Ufer etwas sanfter ansteigt, um als Schwimmer nach einer längeren Strapaze das rettende und gewünschte Land zu betreten. An dieser Stelle könnte Zeus, verwandelt als weisser Stier, mit der hübschen Europa auf seinem Rücken wieder festen Boden unter den Hufen gehabt haben.

Der Mythos der Griechen ist voller Vielschichtigkeit und Phantasie. Nach diesen uralten Geschichten war Zeus wieder einmal mit seinen Adleraugen - der Feldstecher war noch nicht erfunden - auf der Pirsch nach den Schönen dieser Welt, zum Leidwesen seiner angetrauten Frau und Schwester Hera.

Und da am Gestade Phöniziens sah er sie - die Tochter des Königs Agenor, wie sie voll Charme mit ihren Gespielinnen Blumen zu Kränzen band und mit jugendlichem Übermut tanzte. Flugs gab er sich die Gestalt eines weissen Stiers und betrat die Szene der anmutig spielenden Mädchen. So grazil, wie es einem Stier nur eben möglich ist, scharwenzelte er um die jungen Damen herum, bis sie langsam die Scheu vor ihm verloren.

Europa als die mutigste wagte sich sogar auf seinen Rücken - eine Tat, die sogleich erhebliche Folgen nach sich zog.

Denn mit ungeahnter Geschwindigkeit brauste der Stier nun in Richtung Meer davon und verschwand alsbald unter den Klagen und dem Wehgeschrei der Zurückbleibenden mit seiner süssen Last am Horizont. Kreta war sein Ziel.

Aus den Liebesnächten der beiden entstand das Geschlecht der Minoer, von denen bereits Homer berichtet: Der bekannteste ist der König Minos, der seinen Wohnsitz im Palast von Knossos gehabt haben soll. Die Sage vom Minotaurus, von Theseus und dem Faden der Ariadne dürfte den meisten Lesern wohl bekannt sein.

Eine kleine, etwas traurige Geschichte wollen wir uns doch noch zu Gemüte führen, die ebenfalls im Zusammenhang mit Kreta zu erwähnen ist.

Daidalos, der berühmte Baumeister aus Athen, wurde von König Minos gefangen gehalten und hatte ihm auch den verzwickten Palast gebaut, in dem der Minotauros, dieses Mischwesen aus Mensch und Stier, hauste.

Daidalos hatte einen Sohn mit Namen Ikaros. Nun wünschten sich beide nichts Sehnlicheres als der Gefangenschaft des Minos zu entfliehen und in ihre angestammte Heimat nach Athen zurückzukehren.

Die einzige Möglichkeit über das Wasser war zu gefährlich, denn die Schiffe des Minos hätten sie schnell wieder eingefangen.

Da hatte Daidalos eine geniale Idee.

Wenn schon nicht übers Wasser, aber durch die Luft könnte man seine Pläne verwirklichen.

„Schau dir den Flug der Vögel an, wie sie herrlich und leicht durch die Luft schweben. Etwas Ähnliches müssten wir auch können," sagte er zu seinem Sohn.

Sie sammelten jetzt viele Vogelfedern, klebten sie mit Wachs zusammen und machten sich daraus vier grosse Flügel. Eines schönen Morgens, es war windstill, schnallten sich beide die Flügel um und erhoben sich in die Lüfte.

Daidalos flog ruhig dahin, nur Ikaros war etwas übermütig geworden und flog immer höher, um die Sicht auf das Meer und die Erde zu geniessen. Doch er kam Helios, der Sonne, zu nahe, das Wachs schmolz, er verlor die Flügel und stürzte in der Nähe einer Insel ins Meer. Diese Insel wurde ihm zu Ehren Ikaria genannt und so heisst sie noch heute. Wir haben sie eine Woche besucht. Die Natur hat diese Insel mit vielen Reizen ausgestattet.

Die beiden Brüder von Minos waren Radamanthis, der sein Domizil im Palast von Phaistos hatte, sowie Sarpedon, in Malia beheimatet.

Und schlussendlich war hier an dieser Landestelle die Geburtsstunde für diesen Kontinent, der unser aller Heimat werden sollte: Europa. Welch eine Ehre! Unser Kontinent trägt also den Namen einer jungen Frau, der schönen Prinzessin aus Phönizien.

Es ist immer erhebend, eine Region mit einer derart mythischen Tradition zu erleben.

An dieser Stelle, der wir einmal die Landungsstelle des Zeus mitsamt der Königstochter Europa unterstellen wollen, befinden sich heute die Ruinen der alten Minoerstadt Zakros. Wer den Palast von Knossos gesehen hat, der zwar meines Erachtens mit etwas zuviel Beton „restauriert" wurde, aber trotzdem noch sehenswert ist, wird hier völlig enttäuscht sein. Was für den Archäologen gerade noch interessant sein mag, ist für den Laien nichtssagend. Steine, alte Mauern, Ziegelreste, einige schattenspendende Olivenbäume - dazu lohnt die weite Fahrt nicht. Die meisten Reiseführer berichten ohnehin nicht viel darüber.

Aber in diesem Bericht geht es uns nicht vordergründig um alte Ruinen und den Dunst der historischen Vergangenheit, sondern um Mythen, Menschen und Landschaften.

Interessanter sind somit vielmehr die umliegenden kleinen Tavernen dieser Uferregion, die sich jetzt Kato Zakros nennt. Es ist Sonntag heute, ein Tag, an dem die Griechen zumeist an die Strände und in die Gaststätten am Meer flüchten und in grossen Gruppen miteinander essen. Sie scheinen viel Zeit zu haben, es macht Spass, ihnen zuzuschauen, denn was sie tun, ist eher mit „schmausen" zu umschreiben. Viele kleine Teller auf den Tischen und jeder nimmt sich von jedem etwas. Und sie lassen sich viel Zeit. Kulinarischer Sozialismus - so könnte man es etwas humorvoll beschreiben.

Am Ufer hat der Wirt der Taverne Nikos Platanakis die Tamarisken mit Tomaten, Kräutern, Artischocken und getrockneten Früchten verziert, ein stimmungsvolles Ambiente, um im Schatten der Bäume Einkehr mit Blick auf die stetig anbrandenden Meereswellen zu halten.

Der Flug des Ikaros

Die folgende Geschichte finden Sie, verehrte Leser, in keinem Buch über griechische Mythologie. Sie sind einer der ersten Leser.

Die Geschichte von Daidalos und Ikaros hatte ich gerade erwähnt.

Und diese Episode möchte ich noch etwas phantasievoll erweitern.

Voller jugendlichem Übermut hatte sich Ikaros dem Sonnengott Helios genähert. Doch die Götter mögen es nicht, wenn man ihnen voller Hybris zu nahe kommt.

Das Wachs der kunstvoll drapierten Federn schmolz in der warmen Sonne und die Flügel lösten sich auf.

Aber die Geschichte geht noch weiter.

Zeus, der seine Augen überall hatte, erblickte den stürzenden Jungen.

„Warum soll solch ein Jüngling in der Blüte seiner Jugend in den Hades wandern?" dachte er und verlangsamte den Sturz des Jungen.

Unten fiel er auf einer Insel in einer bewaldeten Gegend sanft auf einen großen Moos-Teppich. Schon näherten sich einige neugierige Inselbewohner, die den Sturz mit verfolgt hatten.

Noch etwas benommen fragte Ikarios: „Wo bin ich hier gelandet? Wer seid ihr?"

Einer antwortete: „Du bist im Reich des Königs Themessos. Wir werden dich zu ihm führen. Er soll entscheiden, was mit dir geschieht."

Ikarios verbeugte sich vor dem König.

„Wo kommst du her, Fremder? Ungewöhnlich ist es, dass jemand zu uns nicht über das Meer, sondern durch die Luft kommt. Haben vielleicht die Götter dabei geholfen, denn nur sie allein sind des Fliegens kundig?"

„Ich komme von der Insel Kreta, dort hielt mich und meinen Vater Daidalos der König Minos gefangen. Wir konnten ihm nur durch die Luft entkommen, mit Flügeln aus Vogelfedern, die mein Vater geschickt mit Wachs zusammengefügt hatte. Aber ich bin wohl zum Ärger von Helios ein wenig zu hoch geflogen und bin abgestürzt."

An der Seite vom König Themessos stand seine Tochter Erythraia, die mit leuchtenden Augen der Erzählung von Ikaros lauschte.

Verehrte Leser, Sie mögen an dieser Stelle so etwas wie eine Analogie zur Odyssee erahnen, als Odysseus ermattet auf der Insel Scheria landete und hier von der Königstochter Nausikaa aufgefunden wurde, die am Strand der Insel mit ihren Freundinnen die Wäsche wusch und spielte. Sie führte ihn mit zum Palast ihres Vaters Alkinoos.

Nicht ganz.

Denn Nausikaa hätte allzu gern diesen interessanten Fremden auf Scheria behalten, jedoch Odysseus hatte nur die Rückkehr zu seiner Frau Penelope auf Ithaka im Sinn.

Hier scheint sich jedoch etwas anzubahnen, denn Ikarios ist jung und ledig.

Themessos ist auf jeden Fall von dem Jüngling sehr angetan und bietet ihm an, auf der Insel zu bleiben. Es kam, wie es kommen sollte. Erythraia verliebte sich in den Jungen, sie heirateten und Ikaros blieb. Bislang hatte die Insel noch keinen Namen, aber ihm zu Ehren wurde die Insel „Ikaria" benannt.

Das ist die mit etwas Phantasie ausgeschmückte Folge-Geschichte des Fluges des Ikaros.

Ich habe es nicht übers Herz gebracht, ihn einfach so in den Fluten der Ägäis versinken zu lassen.

Einsame Küstenorte im Südosten der Insel Kreta

Von Ierapetra gen Westen ist die Landschaft mit Plastikbahnen übersät. Ein Teil deckt noch intakte Gewächshäuser, die meisten jedoch sind aufgegeben und werden nicht weiter betrieben. Ohne Rücksicht auf die Umwelt werden die Plastikfolien einfach da belassen, der Wind treibt mit ihnen ein trauriges Spiel.

In vielen dieser Gewächshäuser werden jedoch noch Gurken, Tomaten und Salat angebaut. Das sind die wohlschmeckenden Zutaten, die einen Salat einfach besser munden lassen als ähnliche Produkte eines unserer deutschen Nachbarländer.

Fährt man weiter in den Westen an der Küstenstrasse entlang, so verlässt man alsbald die Plastik-Szenerie. Die Dikti-Berge, hinter denen gen Norden zu die berühnte Lassithi-Hochebene mit ihren heute gar nicht mehr so zahlreichen Windrädern liegt, reichen bis an das Meer und zwingen die Strasse zu vielen Kurven und in die Höhe. Weit unten liegt das Lybische Meer, wie es die Griechen nennen. Unser Ziel ist heute der kleine Küstenort Keratokampos. In schwindelnden Serpentinen windet sich die schmale Strasse der Küste zu. Ein paar Häuser, wenige Appartementhäuser für die ebenso wenigen Gäste, eines davon blumengeschmückt und von den Frauen mit viel Liebe gepflegt, einige Tavernen, eine sogar mit dem merkwürdig ungriechisch klingenden Namen Morgenstern. Wahrscheinlich einer deutschen Frau zu verdanken, die einem Griechen in seine Heimat gefolgt ist.

Es ist noch relativ früh, so geniessen wir wieder einmal den so wundervoll schmeckenden griechischen Kaffee - man trinkt ihn glykos (süss), metrios (1 Telöffel Zucker) oder sketos (ungesüsst). Wie in einem typischen Kafenion, der Zufluchtstätte griechischer Männer, wo sie über die Nachbarn, die Regierung und die Welt palavern, bekommt man ihn immer mit einem Glas Wasser. Wer will, kann sich stundenlang daran festhalten und niemand wird ihn deswegen schief ansehen oder gar die Rechnung präsentieren.

Leider ist diese uralte Art griechischer Kommunikationsmöglichkeit im Aussterben begriffen.

Der nur ungefähr 10 km weiter westlich liegende Ort Tsoutsouros ist touristisch absolut unattraktiv - alte Häuser, um die sich halb fertige Neubauten scharen, ein unschön gestalteter Hafen - man fährt am besten gleich wieder zurück.

In der Taverne To Kima (auf deutsch „Die Welle") am Hafenbecken von Keratokampos, dem Nachbarort, sitzen heute am Sonntag einige einheimische Griechen beim Mittagessen - immer ein gutes Zeichen für die Qualität der Küche.

Es ist immer interessant, ihnen beim Essen zuzuschauen. Man wird übrigens Griechen selten allein oder in trauter Zweisamkeit weder am Strand noch in den Tavernen oder Restaurants sehen. Sie speisen am liebsten in Gesellschaft. Auf neugriechisch nennen sie es „paréa", auf neudeutsch würden wir von einer Clique sprechen. Je grösser umso besser. In Griechenland sind ganze Menüs nicht so beliebt, sondern man möchte von vielem etwas essen oder probieren. Der Kellner, auf neugriechisch garçon betitelt, stellt erst einmal nach den Getränken die Vorspeisen-Platte in die Mitte des Tisches und jeder bedient sich wie er mag. Danach wird mit den Hauptspeisen ebenso verfahren. Zum Schluss streitet man sich manchmal, wer die Gesamtrechung bezahlt. Aber nachher teilt man das ungefähr unter sich auf. Die deutsche Art, getrennt zu zahlen, ist in Griechenland nicht beliebt.

Man nennt es eine „Deutsche Rechnung".

Es ist immer eine Freude, neben einem Tisch mit einer griechischen paréa zu sitzen und dezent ab und zu mal einen Blick hinüber zu werfen.

Ein kleiner Hinweis noch auf Eigentümlichkeiten anderer Sprachen. Auf griechisch heisst der Kellner, wie schon erwähnt, „to garconi" – das ist ein Neutrum! Offenbar hat sich noch kein griechischer Kellner darüber aufgeregt oder beschwert, dass man ihm weder männliche noch weibliche Attribute unterstellt.

Maria, die Chefin der Taverne To Kima, bedient mit freundlichem Wesen.

Beim Hinausschauen aufs Wasser nähert sich ein kleiner Fischerkahn, von den Wellen des leicht auffrischenden Windes etwas schräg geneigt und schaukelnd. Wir beobachten interessiert das Anlegemanöver.

Dem Boot entsteigen, zu unserer Verwunderung, drei Männer, von der Grösse des Kahns her hätten wir nur einen einzigen Fischer vermutet -

Kerle wie Bäume, Typen wie Bud Spencer, nur noch etwas korpulenter.

In einer kleinen Plastiktüte bringen sie, so sieht es aus, ihren Tagesfang herein. Nicht gerade viel, wie es scheint, aber das Mittelmeer ist weitgehend leer gefischt. Zu viele Länder ringsherum haben sich dem Fischfang verschrieben.

Daher ist in den Tavernen ein Fischgericht in der Regel nicht gerade billig.

Trotz des nicht gerade berauschenden Fanges oder gerade deswegen, beschliessen sie wohl ihren Frust mit Essen und Trinken zu beheben. Eine Flasche Rotwein verschwindet innerhalb von zehn Minuten in den gewaltigen Leibern, auch die Essensportionen sind nicht gerade zum Abnehmen gedacht. Die zweite Flasche wird entkorkt. So tafeln sie mit Bravour, ihre Stimmung steigt. Aber wer weiss, was sie von ihren Frauen zu hören bekommen, wenn sie mit diesem etwas mickrigen Fangergebnis leicht angesäuselt den familiären Heimathafen ansteuern.

In Griechenland, besonders in den ländlichen Gebieten, kann man durchaus von einer patriarchalischen Gesellschaft sprechen. Diese gilt weitgehend von den Tavernen und Kafenions aus bis vor die Haustür, dahinter aber beginnt das Regiment der Frauen, auch wenn es die Männer nur ungern zugeben. Die Stimmen der Frauen können dann sehr deutlich und laut werden.

Zu gerne hätten wir dem Helden-Empfang beigewohnt, er blieb uns leider versagt.

Der Weinkrug des Praxiteles

Kreta ist wie ein kleiner Kontinent: Vielseitig, abwechslungsreich und farbig. Um einmal den Osten oder besser den Südosten kennen zulernen, hatten wir ein kleines familiengeführtes Hotel am Strand östlich der Stadt Ierapetra (übrigens die südlichste Grossstadt Europas) gebucht.

Das Hotel hatte einen hübschen Garten, aber nur einen kleinen Kiesstrand und daher wir wollten uns einmal umsehen, wie die Welt weiter östlich aussah.

Es war an einem Frühjahrs-Mittag in einer kleinen Taverne direkt am Meer in Makrigialos, einem Küstenort im Südosten der Insel. Den Namen der Taverne habe ich vergessen und auch in meinen Reisetagebüchern fand ich keinen Vermerk. Ich glaube, sie war sogar namenlos.

Manchmal brauchen die Dinge, an die man sich lebhaft erinnert, nicht zwingend einen Namen. Die Bilder sind zumeist haftender.

In der Küche Mutter und Tante, der Sohn Stefanos bediente.

Das Schwimmen hatte uns Appetit gemacht und wir orderten einen griechischen Bauernsalat (auf griechisch: Choriatiki) und Moussaka, das typisch griechische Gericht mit Kartoffeln, Auberginen und Hackfleisch.

Den bestellten Weisswein (die Griechen bestellen nach Kilo, nicht nach Liter) brachte er uns in der schönsten Weinkaraffe, die ich bislang gesehen habe. So als habe ein reicher Athener einem der antiken Künstler den Auftrag gegeben, eine vollendete Karaffe zu kreieren. Die Form ist zeitlos, griechisch-klassisch schön, der Goldene Schnitt scheint sich im Glas widerzuspiegeln.

Jeder Mensch hat so seine Vorstellung von Ästhetik und Ausgewogenheit und ist beglückt, ihr im Aussen als Spiegelbild seiner Vorstellung zu begegnen.

Was liegt näher als beim Bezahlen verschämt-mutig zu fragen, ob man diesen Weinkrug kaufen könne. Stefanos wand sich, er habe nur für jeden Tisch eine und zudem könne man sie nur in Iraklion kaufen - und das sei doch etwas weit. Ein Versuch, mit Charme die Mutter zum Verkauf zu bewegen, scheiterte ebenfalls.

Schlussendlich gelang ein Kompromiss: Sollten wir in diesem Jahr wieder einmal kommen, so liesse sich darüber reden.

Gesagt, getan - im Herbst zieht es uns wieder in das kleine, familiäre Hotel am Meer im Südosten, gelegen in einem herrlich anzusehenden Garten mit Oleander, Oliven, Steineichen, Bougainvilla, Granatapfelbäumen, Kakteen und Rosen.

Am übernächsten Tag sind wir wieder in der Taverne. Die Mutter freut sich, Stefanos schaut - immerhin ist ein ganzer Sommer über die Insel hinweggegangen - und erkennt uns wohl wieder. Aber er ziert sich, der Weinkrug steht uneinnehmbar auf dem Tisch. Beim nächsten Besuch wird übrigens der Wein in Keramik-Krügen serviert.

Aber die Hartnäckigkeit wird diesmal doch belohnt, aus den Beständen zaubert er noch eine Karaffe hervor - Geld will er nicht haben, aber das Versprechen, bei der nächsten Visite ihm ein Geschenk aus Deutschland mitzubringen. Vorsichtig wird die Karaffe eingewickelt.

Myron, Polyklet, Praxiteles oder wie auch immer ihr geheissen haben mögt, die ihr den Anstoss zu diesem Krug gegeben habt - euch sei gedankt.

Beim nächsten Besuch mit Freunden zwei Jahre später brachte ich ihm einen kleinen Apfelwein-Bembel aus Frankfurt mit.

War früher der Strand mit Sonnenhungrigen gefüllt, so strahlte diesmal alles ein wenig Traurigkeit aus. Kaum Gäste. Die Mutter erkannte uns freudestrahlend wieder, aber man merkte ihr doch ein wenig die Enttäuschung über die so veränderte Lage an.

Während ich diese Zeilen in den Laptop tippe, steht der Weinkrug vor mir. Leer! Nur zu besonderen Anlässen und für besondere Gäste, die mein Stil-Empfinden nachvollziehen können, wird er mit Weisswein gefüllt. Stilvoll mit einem Vin de Crête.

Es gab noch ein besonderes Erlebnis in diesem kleinen Ort Makrigialos. Ein junger Grieche, ich glaube er hiess Leonidas, hatte eine hübsche Taverne am Meer aufgemacht. Voller Begeisterung erzählte er uns: Er wolle hier die alte minoische Küchenkunst wieder aufleben lassen.

Erstaunt fragte ich ihn, ob man irgendwo in Knossos oder Phaistos oder sonst wo Aufzeichnungen der Minoer über die Art zu leben und zu kochen gefunden habe. Das einzige bekannte archäologische Schrift-Fundstück war der berühmte Diskus von Phaistos, der war aber bislang noch nicht völlig entziffert war. Die archäologische Wissenschaft harrte noch auf einen Champollion. Und ich denke, er dürfte kaum Kochrezepte enthalten.

Ein bischen Phantasie wollten wir dem kühnen Spät-Minoer schon konzedieren.

Und so assen wir ihm zu Gefallen ein paar kleine Gerichte, die uns aber sehr von der jetzigen griechischen Kost her bekannt vorkamen.

Aber wie schnell geschieht es, dass sich noch so viel Ideenreichtum und Mut mit Wirtschaftlichkeit nicht immer zur Deckung bringen lassen.

Bei unserem nächsten Besuch ein Jahr später waren Tische und Stühle verschwunden, die Pflanzen vertrocknet, die minoische Idee war ebenso wie ihre Kultur verschwunden

Die Bergdörfer Kretas

Auch auf Kreta ist die Landflucht nicht aufzuhalten, die Jugend wandert in die Städte bzw in die Touristenzentren, da man dort eher seinen Lebensunterhalt verdienen kann. Die Landwirtschaft und der Olivenanbau allein reichen für den Unterhalt einer Familie nicht aus. So findet man in den kleinen Bergdörfern meistens nur noch Alte. Manche Orte hatten früher einmal dreihundert bis vierhundert Bewohner. Heute sind es nur noch dreissig bis vierzig.

Die Häuser liegen dicht aneinander, wie Schafe, die sich gegenseitig wärmen, wenn es kalt wird.

Viele Gebäude verkommen, die Fenster sind verschlossen oder vernagelt, die Gärten verwildern. Eine Tristesse des Verlassenseins, die Vergangenheit hat hier keine Zukunft.

Glücklich kann sich der Ort schätzen, der zumindest noch ein Kafenion besitzt, in dem die meist alten Männer ihren Tag verbringen. Auffallend ist, dass sie oft an verschiedenen Tischen sitzen und sich auf Distanz unterhalten. Verwunderlich ist, dass manchmal überhaupt kein Gespräch stattfindet, sondern eisiges Schweigen herrscht. Obwohl man sich doch in so einem kleinen Ort gut kennen sollte - aber vielleicht ist es gerade deswegen. Familiären Zwist gibt es auch in den kleinsten Dörfern.

Bei einem griechischen Kaffee - den sie von den Türken übernommen haben, aber das hört man nicht so gern, denn allzu sehr haben die Griechen fast vierhundert Jahre unter der Turkokratia gelitten - und vor sich einen Raki, den kretischen Tresterschnaps oder einen Ouzo, den Anisschnaps, verbringen sie ihre Tage. Die Frauen sind derweil zu Hause und befassen sich mit dem Haushalt.

In dem kleinen Ort Pefki, rund 10 km vom Badeort Makrigialos bergauf, steht ein besonders schönes Kafenion. Dort sitzt man unter einem grossen Pfefferbaum und spürt plötzlich den so hektischen Flügelschlag der Zeit nicht mehr.

Ein ebenso interessanter Flecken ist Stavrochori, auf deutsch der Kreuzort. Die Strassen sind schmal. Es gibt keine Geschäfte mehr - aber an der Platia, dem zentralen Platz vieler griechischer Orte, gleichbedeutend mit der italienischen Piazza, gibt es zwei Kafenions. Wie in alten Zeiten bei uns fährt mit viel Geläut der Obst- und Gemüsewagen durch den Ort und von allen Seiten kommen die Alten zum Kauf. Nebenbei fällt immer ein Schwätzchen an.

Maria, die Wirtin der einen Taverne kauft ein. Schon wieder eine Maria, das ist aber in Griechenland besonders bei den älteren Frauen ein gängiger Name. Sie muss früher einmal sehr hübsch gewesen sein, ihre Augen strahlen etwas Mildes und Gütiges aus. Bevor wir die schattige Platia unter der Platane verlassen, dürfen wir noch einmal schnell in ihre Kochtöpfe schauen. Eindrücke eben, wie man sie nur noch oben in den Bergregionen findet.

Ich kann mich noch an frühere Zeiten erinnern, da gab es in vielen Tavernen keine Speisekarten, sondern man durfte in der Küche in die Töpfe schauen.

„Elate stin kusina!" Kommen Sie in die Küche! Sagte der Wirt oder die Wirtin mit einer einladenden Geste.

In den küstennahen Regionen kaufen jetzt Mitteleuropäer die verlassenen Gebäude und versuchen sie wieder herzurichten.

Der Ölbaum

Kreta ist die Insel der Olivenbäume. Die Schätzungen sprechen von rund 20 Millionen (wahrscheinlich sind es noch mehr), die im Januar geerntet werden.

Der Ölbaum ist ein heiliger Baum. Er bedeutet viel Arbeit, aber er gibt auch Sicherheit, wie die Griechen zu sagen pflegen. Das kalt gepresste Öl ist eine Delikatesse und wird zudem für alles verwendet: Zum Einlegen von Gemüse, für den Salat, zum Braten, für Salben und für Seifen.

Der Baum will gepflegt und beachtet sein - wie ein Netz durchziehen die schwarzen Plastikschläuche die Insel und bringen den Bäumen das dringend benötigte Wasser, das in Kreta glücklicherweise im Gegensatz zu manch anderen Inseln der Ägäis noch ausreichend vorhanden ist.

Olivenbäume werden noch immer angepflanzt, die streng geometrisch angeordneten Reihen überqueren wie ein grüner Teppich das gewellte Land.

Wie bei allen wichtigen Dingen des Lebens ist auch der Olivenbaum in Hellas von einem mythologischen Ursprung begleitet.

Dereinst ging es um die Namensgebung der Stadt, die einmal Athen heissen sollte. Der Meeresgott Poseidon, ein Bruder des Zeus, und die Göttin der Weisheit, Athene, wollten Namens-Paten werden, wohl ahnend, dass dieser Stadt eine grosse Zukunft bevorstand. Und so versuchten sie die Stadt*väter* (damals steckte die Emanzipation noch in den Kinderschuhen) mit einem Geschenk für sich einzunehmen.

Der Herr der Meere hieb seinen Dreizack in den Felsen und dort entsprang ein Süsswasserquell. Die Göttin Athene versprach den Juroren einen Baum, der für alle von grosser Lebenswichtigkeit sein sollte - es war der Ölbaum.

Die Stadtväter handelten weise und entschieden sich für den Olivenbaum.

Seither ist der Ölbaum eines der nicht mehr wegzudenkenden Geschenke der Natur an die Griechen und an die Mittelmeerländer.

Inzwischen findet man ihn auch in Südamerika und Australien.

Die teilweise alten, knorrigen Bäume wirken wie trotzige Eigenbrötler oder Individualisten, die sich der Vermassung entgegenstemmen und somit die Zeit überdauern. Im Sonnenlicht spendet ihr silbrig-grünes Blätterwerk wohligen Schatten.

Am schönsten wirken die Olivenbäume im Frühjahr, wenn in ihrer Nachbarschaft die gelben Blumen blühen, der Ginster in Blüte steht und der Klatschmohn mit seinen leuchtend roten Farbtupfern unter den Bäumen blüht.

Einer der vielen alten knorrigen Olivenbäume

Kulinaria

Die griechische Küche ist einfach. Aber genossen in der südlichen Umgebung am Meer, unter schattigem Weinlaub oder unter Tamarisken und in der Nähe der ewig an den Strand plätschernden Wellen wird die griechische Küche zu einem köstlichen Erlebnis. Eines der Gerichte, die man immer wieder essen sollte, ist der Griechische Salat, auf griechisch Choriatiki, was soviel heisst wie dörflicher Salat. Mit den Tomaten, die noch danach schmecken und nicht wie unsere Supermarkt-Tomaten, mit eben solchen Gurken, Gemüsezwiebeln, einer Scheibe Schafskäse mit Origano oben drauf, manchmal auch mit Kapern, angemacht mit kalt gepresstem Olivenöl - einfach vorzüglich. Auch beispielsweise das Tsatsiki oder der Moussaka - es schmeckt hier einfach besser als in den griechischen Lokalen in Deutschland, die hin und wieder den einfachen Weg gehen und manches fertig beim Grosshändler kaufen. Gern sieht man bei den Griechen Fleisch auf dem Teller: Vom Schwein, Rind, Kalb und Lamm.

Beliebt sind auch Fava (aus gelben Erbsen) und Oktopus. Für empfindliche Gemüter ist nicht gerade zu empfehlen, zu beobachten wie der Oktopus mit Stöcken weichgeprügelt wird, bevor er zum Trocknen aufgehängt wird.

Wenn dann das Ambiente noch stimmt - wie sagt man doch in Deutschland: Essen und Trinken (in solcher Umgebung) hält Leib und Seele zusammen.

Eine der schönsten Tavernen an der Südküste ist die Fisch-Taverne Psarapoula in dem Ort Koutsonari. Die Brüder Nikos und Wassili betreiben hier am Strand eine pittoreske Taverne, in der die Farbe Blau überwiegt.

Etwas weiter westlich am Strand, mehrere Schilder weisen darauf hin, hat Andreas, der Kleine Grieche (auf griechisch O mikros Ellinas) seine Taverne. Es lohnt sich, bei ihm einmal einzukehren - er ist so etwas wie ein Tavernen-Philosoph, ein Strand-Diogenes. Zu allen Themen hat er etwas beizusteuern und unterstreicht es mit seinem pfiffigen, verschmitztem Lächeln.

Geschichtliches über Kreta

Kreta liegt an einer geografischen Nahtstelle. Die Vergangenheit hat die Kreter geprägt und ihr Freiheitswille ist sprichwörtlich. Ursprünglich lebten hier die Minoer, deren Kultur ca 1500 v Chr plötzlich erlosch. Von den drei bekanntesten Stätten der Minoer ist wohl Knossos die bekannteste und sehenswerteste. Man nimmt an, dass da irgendein Zusammenhang mit der gewaltigen Vulkan-Explosion der Insel Santorini bestand. Dann kamen die Griechen, später die Römer und wiederum später die Araber. Die Venezianer haben viel zur Kultur beigetragen, viele Bauwerke stammen noch aus ihrer Zeit, am Hafenkastell von Heraklion prangt heute noch der venezianische Markuslöwe. Dann kam die Finsternis der türkischen Besetzung, die überall das Geistesleben zum Versiegen brachte. Allein die orthodoxe Kirche bewahrte über vierhundert Jahre die griechische Schrift und die Sprache.

Im zweiten Weltkrieg haben die Deutschen mit einer verlustreichen Fallschirmspringer- und Lastensegler-Operation die Insel von Engländern und Neuseeländern erobert. Auf unserer ersten Reise haben wir noch einen Bus mit neuseeländischen Veteranen gesehen, die aus Nostalgie noch einmal an die Stätte ihrer erbitterten Kämpfe zurückkehren wollten.

Jetzt gehört Kreta wieder zum griechischen Mutterland.

Auf Kreta leben heisst seit jeher, sich gegen die jegliche Art von Fremdherrschaft aufzulehnen.

„Die Erde Kretas" so schreibt ihr grosser Sohn Nikos Kazantzakis „ist so rot gefärbt, weil hier soviel Blut für die Freiheit vergossen wurde".

Kazantzakis ist einer der grössten und bekanntesten Schriftsteller Griechenlands. Er war ein ausgesprochener Non-Konformist und legte sich auch mit der mächtigen griechisch-orthodoxen Kirche an. Das führte so weit, dass man ihm sogar ein Begräbnis auf einem normalen Friedhof verweigerte. Ein einsames Grab ausserhalb der Stadtmauer von Heraklion ist seine letzte Ruhstätte. Ergriffen standen wir vor seinem einfachen Grab, das nicht leicht zu finden war. Auf einem Stein steht seine Lebensmaxime:

Ich befürchte nichts
Ich erwarte nichts
Ich bin frei

Δεν ελπιζω τιποτα
Δε φοβούμαι τιιοτα
Είμαι λέφτερος

Das Wort Eleftheria (Freiheit) ist ein Wort, das sich in seinen Büchern immer wieder finden lässt.

Einer dieser Prototypen der Freiheitskämpfer ist der Held des verfilmten Romans „Alexis Zorbas", den Anthony Quinn spielte.

Unvergessen aus diesem Film ist die herrliche Schlussszene mit der Geburt des Sirtaki, der vom berühmten Komponisten Mikis Theodorakis komponiert wurde.

Seine Romane „Griechische Passion" und „Freiheit oder Tod" zeugen von seiner unbändigen, fast ungezügelten Abneigung gegen Unterdrückung und jegliche Art von Dogmatismus.

Wir leben in einer Zeit der Globalisierung. Aber trotzdem wünschen wir uns immer wieder, mit der Andersartigkeit und dem Individuellen in Kontakt treten zu können.

Mallorca und Torremolinos sind einige Monsterbeispiele einer fehlgeleiteten Entwicklung.

So bleibt die Hoffnung, dass die modernen Invasoren, die Touristen, die in Massen auf Kreta einfallen, den Charakter der Menschen und damit das Ursprüngliche der Insel nicht gänzlich zerstören oder deformieren.

Plakias – das Ziel unseres Suchens

Kreta ist wie ein kleiner Kontinent. Um diese Insel besser kennen zu lernen, haben wir sie von Osten bis Westen durchkreuzt, haben im Norden und im Süden gewohnt. Immer auf der Suche nach einem Ort und natürlich einem Hotel unserer Vorstellung.

Wir hatten ein Hotel in der Nähe von Rethymnon gebucht und wie bereits beschrieben entsprach es nicht ganz unseren Vorstellungen, so das wir durch die Kourtaliotis-Schlucht durch die Berge nach Süden fuhren.

Kurzum, dort gefiel es uns und wir überlegten, beim nächsten Urlaub gleich direkt hierher zu fahren.

Wir fanden ein familiengeführtes Hotel in dem kleinen Ort Plakias, der im Gegensatz zu den vielen Orten im Norden der Insel wesentlich ruhiger zu sein schien, denn für die Touristik-Unternehmen war es zu unbequem, die Gäste vom Flughafen so weit bis hierher zu transportieren.

Das Hotel mit dem schönen Namen „Alianthos Garden" war nur durch eine wenig befahrene Strasse vom Meer getrennt und wurde für etliche Jahre unser Ziel im Frühjahr.

Eine kleine Schwäche von mir fand hier auch seine Erfüllung. Ich mag es gern, wenn man über das Meer nach Süden schaut und auf den Wellen das Licht der Sonne glitzern sieht. Dieses wunderbare Schauspiel kann der Norden der Insel nicht bieten.

Und wenn man viel Glück hat, bekommt man ein weiteres Geschenk dazu: Es ist einmalig schön, nachts den Vollmond sich auf den bewegten Wellen spiegeln zu sehen.

Der lange Strand von Plakias bot mir eine weitere schöne Gelegenheit. Nämlich kurz vor Sonnenaufgang am Strand einen Morgenspaziergang zu machen. Eine wundervolle Ruhe, nur durch das leise Plätschern der Wellen untermalt.

Fasziniert war ich durch die herrlichen Kieselsteine, die das Meer geformt und angespült hatte. Woher sie wohl gekommen waren? Je nach Farbe stellte ich mir ihre Herkunft vor. Weisse Steine hatten sicher eine Marmorabstammung, während schwarze auf eine vulkanische Entstehung schliessen liessen. Vielleicht sogar aus der Zeit, als die Insel Santorini durch einen gewaltigen Vulkanausbruch entstand, der offenbar auch zum

Ende der minoischen Kultur geführt hatte. Rosafarbige unter Umständen aus Statuen aus ägyptischem Assuan-Marmor.

Und das Meer in seiner Jahrtausende alten Unermüdlichkeit hatte die ungeformten Brocken geformt, verkleinert und gerundet. Fast hätte ich mir gewünscht, mit den Steinen sprechen zu können.

Eine Einschränkung muss ich noch machen: Kieselsteine sind nur schön und lebendig, wenn sie vom Meereswasser befeuchtet sind. Kommt das Sonnenlicht hinzu, steigert das den Glanz und die Lebendigkeit. Fehlt dieses Attribut und sind sie trocken, so wirken sie glanzlos, langweilig und grau. Niemand würde sich bücken und einen Stein aufheben, höchstens, um ihn ins Meer zu werfen. Wasser und Sonnenlicht sind also die MakeUp-Attribute der Kieselsteine.

Jeder Morgenspaziergang am Meer vermehrte meine kretische Kiesel-Stein-Sammlung.

Manchmal sieht man ein Fischerboot vom nächtlichen Fang zurückkehren.

Einen sehnsuchtsvollen Blick richtete ich stets am Morgen in Richtung Südwest. Dort liegt noch leicht im Morgennebel verhüllt die kleine Insel Gavdos, rund 40 Kilometer von der Südküste Kretas entfernt. Es ist die südlichste Insel Europas.

Im Sommer zeigt sich hier noch reges Leben, aber im Winter herrscht die grosse Stille über der Insel. Waren es früher Hunderte, die hier ihr karges Auskommen pflegten, so harren jetzt während des Winters nur noch einige wenige aus, denn die Insel wird dann nicht mehr regelmässig angefahren. In einem Reiseführer las ich, dass sogar eine Deutsche hier, mit einem Griechen liiert, Zimmer und Studios vermietet. Eine Taverne darf natürlich auch nicht fehlen.

Etwas traurig musste ich jedesmal feststellen, dass mein Wunsch, die Insel zu besuchen, an einem Phänomen scheiterte: An der Zeit. Eine Woche Urlaub ist einfach zu kurz, denn die kleinen Fähren fahren nicht regelmässig und bei Sturm laufen sie erst gar nicht aus.

So blieb mir nichts anderes übrig, als in Gedenken mit etwas Phantasie und mit der Literatur und den Reiseführern die Insel zu bereisen.

Im Zweiten Weltkrieg besetzte die deutsche Wehrmacht auch diese Insel. Ein Stuka soll damals den Leuchtturm zerbombt haben. Rund dreihundert deutsche Soldaten waren hier stationiert, die aus Langeweile den Einheimischen beim Bau von Mauern und Strassen halfen. Einige ältere Anwohner sollen später noch etwas Deutsch gesprochen haben.

Der Ort Plakias besteht nur aus wenigen Häusern, einigen Hotels und einigen Tavernen. Eine mittelgrosse Strasse durchquert den Ort parallel zum Meer.

Für denjenigen, der den Urlaubstrubel vermeiden möchte, ist es ein geeignetes Ziel. Und wer mal dem Ort entfliehen möchte, kann den Linienbus nach Rethymnon nehmen. Zur Not tut es auch ein Leihwagen.

Ein lohnenswertes Ziel ist von hier aus die Fahrt zur Imbros-Schlucht. Man nimmt sich unten ein Taxi und fährt hoch bis zum Eingang der Schlucht. Zurück gekehrt, kann man sich dann in der Taverne des Taxifahrers wieder von der Wanderung stärken.

Erinnerungen an die Vergangenheit

Manchmal stösst man per Zufall auf ein Ereignis, von dem man schon vorher gelesen oder gehört hatte.

Wir kamen mit Freunden von einer Wanderung durch die Imbros-Schlucht zurück, der wesentlich kleineren Schwester der bekannten Samaria-Schlucht.

Einige Kilometer vor Plakias fuhren wir ans Meer hinunter, in den kleinen Ort Rodakino, was witzigerweise auf griechisch „Pfirsich" heisst.

Die Häuser hatten sich alle mit roten Geranien geschmückt und wir kamen am Meeresufer mit zwei älteren Ehepaaren ins Gespräch.

Um eine Unterhaltung zu beginnen, fragte ich sie: „Xerete Otto Rehagel?", auf deutsch: Kennen Sie Otto Rehagel? Er hatte kurz vorher mit der griechischen Fussball-Nationalmannschaft die Euromeisterschaft gewonnen. „Nai, nai!" (ja, ja) sagten sie und strahlten. Als Anerkennung gaben ihm die Griechen danach in Anlehnung an ihren grossen antiken Helden Herakles den Spitznamen „Rehakles".

Und dann kam von der einen Griechin die Frage: „Kennen Sie General Kreipp?"

Die meisten Deutschen hätten mit Sicherheit den Kopf geschüttelt. Die Griechen übrigens verneinen anders. Sie heben nur den Kopf und die Augenbrauen und eventuell die Schultern.

Ja, wer war der ominöse General Kreipp?

Zum Glück hatten wir vorher das Buch von Klaus Modick mit dem Titel „Der kretische Gast" gelesen, das in zwei Zeiten spielt. Zum einen in der Gegenwart und zum anderen zur Zeit der deutschen Besetzung von Kreta im Zweiten Weltkrieg.

Ein spannendes, packend erzähltes Buch!

Die Deutschen hatten sich aus strategischen Gründen in den Kopf gesetzt, Kreta zu erobern, wo sich britische und neuseeländische Truppen aufhielten.

In einer kombinierten Aktion mit Fallschirmjägern und Lastenseglern und Unterstützung durch die Luftwaffe gelang es ihnen mit einem hohen

Blutzoll die Insel einzunehmen.

Als Deutscher sollte man unbedingt einmal den deutschen Soldatenfriedhof in Maleme in der Nähe von Chania besuchen. Ein so trauriger Anblick! So viele tausend junge Menschen sind bei dieser Eroberung gefallen, die Jahreszahlen auf den Gräbern sprechen eine bedrückende Sprache. Und wofür alles? Hier wird der Sinn eines Krieges deutlichst fragwürdig!

General Kreipp war also der Oberbefehlshaber der deutschen Truppen auf Kreta.

Eines Abends kam der General von einer Zusammenkunft in Heraklion zurück, als sein Wagen von Engländern in deutschen Uniformen angehalten, sein Fahrer erschossen und er entführt wurde.

Man kann sich vorstellen, wie wütend und aufgebracht die Deutschen über diesen für sie so peinlichen Überfall waren. Eine riesige Suche begann, aber die griechischen Widerstandskämpfer kannten sich natürlich in den unwegsamen Gebieten der Insel bestens aus.

Jedenfalls wurde Kreipp trotz intensivster Suche nicht gefunden.

Und jetzt kommt wieder die ältere Dame in Rodakino zum Zug.

„Hier," so sagte sie und zeigte ans Ufer, „wurde General Kreipp nach einem Jahr von einem englischen U-Boot aufgenommen und nach Ägypten gebracht."

Die Griechin war ganz erstaunt, dass wir diese alte Weltkriegsgeschichte kannten.

Klaus Modick sei Dank.

Ithaka - die Insel des Odysseus

Wir hatten eine Rundreise über die Ionischen Inseln gebucht, von Korfu über Levkada, Ithaka, Kephalonia und Zakynthos.

Korfu ist wohl die italienischte aller griechischen Inseln, sehenswert ist hier auf jeden Fall das Achilleon der österreichischen Kaisergattin Elisabeth, genannt Sissi (1867 – 1889).

Sie besuchte Korfu das erste Mal im Jahr 1867 und blieb einen Monat.

Sie kam zwar längere Zeit nicht wieder zurück, doch das Land der Hellenen und ihre Geschichte gingen ihr nicht aus dem Sinn. So nahm sie Privat-Unterricht in Alt- und Neugriechisch.

Im Jahr 1885 besuchte Sissi erneut Korfu auf einer Durchreise nach Ägypten. Dort zeigte man ihr die alte Villa Braila bei Gastouri, die zum Verkauf stand. Sie war von der Lage sofort hellauf begeistert.

Bei der Rückkehr von der Reise beschloss sie, diese Villa zu kaufen und dazu einen Neubau eines Schlösschen zu beauftragen, das sie später Achilleon nannte. Im Garten liess sie eine als Erinnerung an die Antike eine Monumentalstatue des „Sterbenden Achill" aufstellen.

Später kaufte der deutsche Kaiser Wilhelm II das Schlösschen.

Die Statue des „Sterbenden Achill" behagte ihm überhaupt nicht und so liess er eine zweite Skulptur errichten, den siegenden Achilles, das große Vorbild Alexander des Großen, 10 Meter hoch und in voller Rüstung. Sehenswert sind die grossen Wandmalereien mit antiken Themen.

Die nächste Insel Lefkas (Levkada) ist im Grunde keine richtige Insel, sie ist über eine originelle Brücke mit dem Festland verbunden. Der Ort Nidri ziert seinen kleinen Hafen mit einem originellen Standbild des berühmten Reeders Onassis, dessen eigene Insel Skorpios in Sichtweite liegt und nicht betreten werden darf, man darf sie höchstens in gehörigem Abstand umrunden.

Aber nun kam für mich das Spannendste dieser Reise.

Mit dem Schiff setzten wir nach Ithaka über. Ich stand etwas aufgeregt vorn am Bug und versuchte jeden Moment der Annäherung an diese so lange ersehnte Insel im Gedächtnis zu speichern und zu behalten.

Drüben erwartete uns Venos mit seinem Bus. Er ist in Personal-Union Fahrer des einzigen Linienbusses auf Ithaka und wenn mal Touristen kommen, dann fährt er sie auch mal über die Insel. Die wenigen zahlenden Fahrgäste müssen sich dann eben etwas gedulden. Der Bus ist auch schon etwas in die Jahre gekommen, aber Venos versichert uns, ein neuer sei schon bestellt.

Es war schon ein erhebendes Gefühl, erstmals diese so mythenbehaftete Insel das erste Mal zu betreten.

Einige Hotels, Pensionen und Tavernen sorgen auch hier für Unterkunft und für leibliches Wohl der Besucher.

Die Taverne per se ist eine der löblichsten griechischen Erfindungen: So bieten die meisten Strandtavernen und auch andere Tavernen einen Service, der morgens um 10 Uhr beginnt und oft erst in den späten Abendstunden endet.

Uns erwartete das Hotel Mentor, wohl das einzige etwas grössere Hotel der Insel. Eine junge hübsche Griechin mit Namen Barbara bietet uns ein freundliches Willkommen und bedient uns auch am Abend mit viel Charme.

Auch der Name Mentor ist aus der Odyssee entlehnt. Athene verkleidet sich als Mentor, eines Freundes des Hauses, und hilft Telemachos auf der Reise nach Sparta, wo er sich bei König Menelaos nach dem Verbleib seines Vaters erkundigen will.

Die Insel Ithaka (auf griechisch: Ithaki) ist eine der kleinsten Inseln in der vielfältigen Inselwelt der Griechen – und doch eine der berühmtesten, wenn nicht gar die berühmteste. Die in der Neuzeit des Tourismus modern gewordenen Inseln Santorini oder Mykonos können ihr nicht das Wasser reichen. Denn Homer hat ihr mit seiner „Ilias" und seiner „Odyssee", immerhin vor rund 2800 Jahren geschrieben, ein literarisches Denkmal gesetzt, das noch bis heute nachklingt und das Schüler, die das Fach Alt-Griechisch gewählt haben, als Pflichtlektüre zu lesen haben.

Im Grunde genommen gilt das Denkmal nicht der Insel selbst, sondern ihrem Herrscher Odysseus, der mit viel List die Achäer vor Troja zum Siege führte, der die grossen Helden Ajax und Achilles überlebte und nach

Statue des Odysseus auf
der Insel Ithaka

zehn Jahren Kampfgetümmel eigentlich eine friedvolle Heimfahrt verdient hätte, aber von Poseidon – Odysseus hatte schließlich seinen einäugigen Sohn Polyphem mit viel List geblendet - noch einmal weitere zehn Jahre durch vielfältige Gefahren und Prüfungen abgestraft wird.

Derweil wartet auf seiner Heimatinsel die ihm in Treue ergebene Gattin Penelope, die sich zum Schluss der Geschichte des Werbens einer Reihe von aufdringlichen Freiern erwehren muss, die im Glauben leben, Odysseus hätte längst den Totenfluss Styx überquert und vegetiere als bleicher Schatten im Hades.

Aber wie wir wissen, kehrt er heim und macht mitsamt seinem Sohn Telemachos und dem treu zu ihm haltenden Schweinehirten Eumaios dem haltlosen Gebaren der Freier, die tagtägliche Sauf- und Fressgelage auf Kosten der Familie Odysseus veranstalteten, ein grausames Ende.

Das eine Mal innerhalb der Rundreise hatte mir nicht gereicht, um die Insel zu erkunden.

Ithaka hat keinen eigenen Flugplatz und ist daher vom Massentourismus weitgehend verschont geblieben und daher gibt es nicht so etwas wie ein Pflicht-Besichtigungsprogramm. Wer sich auf die Reise nach Ithaka aufmacht, hat alles andere Sinn als Badeurlaub oder Disconächte. Ihn reizt vielmehr der Mythos der Insel sowie die Wanderungen durch eine ursprüngliche Natur. Wie dereinst Odysseus – allerdings nicht auf einem Ruderschiff der Phäaken – nähert man sich der Insel auf dem Wasser. Von den Nachbarinseln Lefkas und Kephalonia sowie vom Festland gibt es Fähren zu den insgesamt drei Fährhäfen der Insel.

Da es von Deutschland aus keine direkten Buchungen nach Ithaka gibt und die Fluglinie AeroLloyd, die früher die Nachbarinseln anflog, insolvent geworden ist, erweist sich die Anfahrt etwas umständlicher.

Wir wählen diesmal den Weg über den Peloponnes und weiter mit der

Fähre zur Insel Kephalonia – ein Glücksfall, denn wir geraten in eines der urwüchsigsten kleinen Hotels der Insel. Inmitten von schattigen Bäumen führt die Schweizerin Susanne mit ihrem Mann Vangelis eine Pension und zugleich eine abends geöffnete Taverne namens Trifilli im kleinen Ort Lourdata, nicht weit vom Meer entfernt. Ein rührender, umsichtiger und freundlicher, fast familiärer Service umfangen den Gast.

In der Nähe, für eine kleine Wanderung gut geeignet, befindet sich Stella Vineyard, ein kleines Weingut von Colette und Lefteris betrieben, die aus Kanada nach Griechenland zurückkehrten.

Aber wir müssen und wollen alles für fünf Tage verlassen, denn unser Ziel heisst Ithaka.

Eigentlich war es uns ausdrücklich untersagt, mit dem Mietwagen die Insel zu verlassen oder mit der Fähre hinüber nach Ithaka zu fahren.

Aber in der Hoffnung, dass es schon gut gehen wird und die Fähre nicht untergehen wird, wagten wir es trotzdem.

Wie bereits vor einem Jahr, als wir von der Insel Lefkas kamen, hat die Annäherung an Ithaka einen besonderen Reiz. Es ist die wiederholte Erwartung des Neuen und das Hinter-sich-lassen des Alten.

Allein die Form der Insel ist ungewöhnlich: Wie auf der Abbildung zu sehen, besteht sie aus einem Nord- und Südteil, die durch einen schmalen Isthmus getrennt sind, der an seiner dünnsten Stelle gerade mal 650m breit ist. Insgesamt beträgt die Grösse der Insel nur 96 qkm; die grosse Nachbarinsel Kephalonia, die wie eine Mutter das kleine Ithaka umfasst, übertrifft sie um das Achtfache. Die Einwohnerzahl von rund 3000 erhöht sich nur in den Sommermonaten auf rund 6000. Früher waren es mehr, aber nach dem verheerenden Erdbeben im Jahr 1953, bei dem der Grossteil der Häuser zerstört wurde, haben viele Einwohner die Insel verlassen und sind nach Südafrika, Australien oder Amerika ausgewandert.

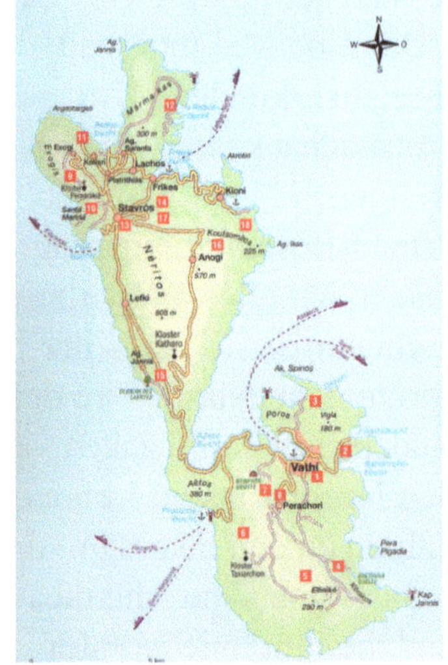

Plan der Insel Ithaka

Im Süden der Insel befindet sich der kleine geschäftige Hauptort Vathi, um die langgestreckte, eingezogene Bucht wie ein Amphitheater gelegen.

Vathi - der Hauptort von Ithaka

Wanderungen auf Ithaka

Es dürfte verständlich sein, dass der Odysseus-Mythos immer wieder auf der Insel durchschimmert. So führt uns die erste Wanderung zur Arethusa-Quelle. Hier soll der Legende nach der treue Schweinehirt Eumaios seine Schweine getränkt haben. Ihn suchte der listenreiche Odysseus nach seiner Ankunft mit Hilfe der Göttin Athene (die mit den strahlenden Augen, wie Homer schreibt) auf Ithaka auf, um seinen Plan, die Freier aus seinem Palast zu vertreiben, zu verwirklichen. Ein schmaler Pfad, auf griechisch Monopati genannt, führt hinab in Richtung Meer. Ithaka ist wie alle ionischen Inseln im Gegensatz zu vielen ägäischen Inseln eine grüne Insel. Um diese Zeit war noch kein Wanderer vor uns unterwegs, so dass die Spinnennetze, die die Tiere nächtens über den Pfad gewoben haben, ein ums andere Mal mit einem Stock durchtrennt werden müssen, damit sie nicht ständig mitsamt den Spinnen am Körper kleben bleiben.

Nach rund einer Dreiviertelstunde ist man an der Quelle, die am Beginn einer Schlucht sprudelt. Auch zu dieser Quelle gibt es eine Legende: Ein hübscher Jüngling fiel bei einer Jagd die Felsen hinab. Die Nymphe Arethusa, die in ihn verliebt war, war darüber so untröstlich, dass sie vor ihrem Tod so viele Tränen vergoss, aus denen die Quelle entstand.

Die Griechen haben offenbar eine völlig andere Beziehung zu ihrer Heimat als die Deutschen. So gibt es in Australien einen emeritierten griechischen Professor, der neun Monate des Jahres auf seine Heimatinsel Ithaka zurückkehrt, um sich hier um die Pflege und den Ausbau der Wanderwege zu kümmern.

In der Nähe von Vathy liegt auch der Phorkys-Strand: Hier sollen die freundlichen Phaiaken Odysseus, den Heimkehrer, schlafend an Land gesetzt haben.

Bleiben wir einmal bei Odysseus. Er wacht aus seinem Schlaf auf, schaut sich um, reibt sich die Augen und sieht erst einmal nichts als Nebel um sich herum, den die Göttin Athene hier ausgestreut hat.

„Wo bin ich hier gelandet? Kein Mensch ist zu sehen. Haben nicht die Phaiaken versprochen, mich nach Ithaka zu rudern? Wo sind sie geblieben? Habe ich gar alles nur geträumt? Meine Begegnung mit der schönen Königstochter Nausikaa? Mein Aufenthalt am Hofe von Alkinoos, dem König der Insel Scheria. Und die reich ausgeschmückten Erzählungen des Sängers Demodokos? Bin ich gar schon wieder auf irgendeiner geheimnisvollen Insel, wie ich sie bei der Zauberin Kirke oder der Nymphe Kalypso erlebt habe? Hoffentlich nicht! Ich möchte nach so langer Zeit und so vielen Irrfahrten endlich heim zu meiner geliebten Penelope!"

Athene hat seine Klagen gehört und eilt herbei in der Gestalt eines jungen Schafhirten.

„Ja, erkennst du diese Insel nicht?" so spricht sie ihn ein wenig schalkhaft an, „sie ist in Ost und West berühmt. Ihr Ruf ist sogar bis Troja gedrungen! Du bist auf Ithaka!"

Anstelle dankbar zu sein, kann es sich Odysseus nicht verkneifen, Athene einen kleinen Vorwurf zu machen. „Auf dem Meer hast du mich aber ganz schön im Stich gelassen und mich Poseidon ausgeliefert!"

„Vergiss nicht, er ist der Bruder meines Vaters Zeus und das Meer ist sein ureigenstes Revier! Da hat er nun mal das Sagen!"

Athene löste den Nebel auf und Odysseus erkannte sein Insel wieder.

Mit Tränen in den Augen fiel er nieder und küsste den Boden seiner Heimat.

Kehren wir zurück in die Jetztzeit und verlassen Odysseus mit seinen weiteren Auseinandersetzungen mit den Freiern, die seine auf ihn wartende Penelope bedrängten.

Nicht weit von der Landestelle liegt auch die berühmte Nymphen-Grotte, in der der Listenreiche die Geschenke des Königs Alkinoos deponierte. Leider ist sie zur Zeit nicht begehbar.

Welch ein grausames Schicksal mussten hingegen die hilfreichen Phaiaken mit ihrem schnellen Boot erleben. Poseidon verzieh ihnen nicht, dass sie seinen Intimfeind Odysseus, der immerhin seinen einäugigen Sohn Polyphem geblendet hatte, heil nach Ithaka gebracht hatten und liess ihr Boot auf der Rückfahrt nach Scheria zerschellen.

Ein weiterer interessanter Wanderweg führt von dem auf dem Nordteil gelegenen Örtchen Stavros in Richtung „Schule des Homer". Man parkt am besten auf der Platia von Stavros, auf dem sich auch ein Denkmal von Odysseus befindet und gleich nebenan eine Tafel mit den zwölf (angenommenen) Stationen seiner zehnjährigen Heimreise.

Nach ungefähr 700 Metern weist ein Schild auf das Archäologische Museum hin, das man auf keinen Fall versäumen sollte. Denn hier befindet sich der einzige Hinweis auf einen historischen Odysseus. Eine Tonscherbe zeigt die Inskription „dem Odysseus geweiht".

An diesem Morgen sind wir um kurz nach neun Uhr die ersten Besucher und so hat Fotini, die Wärterin des Museums, Zeit, sich uns zu widmen. Mit viel Liebe und Hingabe erklärt sie uns die wenigen Vitrinen. Neben der Odysseus-Scherbe sind es besonders einige Ausstellungsstücke, die beeindruckend sind: Tränen-Gefässe, in denen die Tränen der Hinterbliebenen und Trauernden gesammelt wurden und dem Verstorbenen als Grabbeigabe mit auf den Weg gegeben wurden.

Fotini ist in Südafrika geboren und vor vierzig Jahren in ihre Heimat zurückgekehrt. Sie hat noch eine zweite Aufgabe: Wenn irgendwo gebaut wird, überwacht sie die Baustelle, ob eventuell archäologische Funde zu Tage treten. Dann heisst es für die Bau-Herren abwarten, ob etwas Wichtiges gefunden wird. In dieser Zeit ist das Museum vorübergehend geschlossen.

Ein wenig weiter steht auf der rechten Seite ein Schild mit der Aufschrift: Archäologische Stätten. Ein herrlicher Weg, das Frühjahr entfaltet seine schönste Blumenpracht. Der leuchtend-gelbe Ginster beginnt mit der Blüte und verströmt einen betörenden Duft, grosse Buschgrupppen

Landschaft im Norden von Ithaka

säumen rechts und links den Weg. Olivenbäume, Zypressen und Steineichen sind auf dem Weg die vorherrschenden Baumarten. Und fast immer schaut man auf dieser kleinen Insel auf das blaue Meer. Es ist zudem die grandiose Ruhe, die den Wanderer umfängt. Man setzt sich unter einen Olivenbaum zur Rast und hört fast nichts als das Summen der Bienen, das Glöckchen einer Ziege, das Krähen eines Hahnes und in der Ferne auf dem Meer, ganz leise und fast unhörbar, das Wummern eines Schiffsdiesels eines der vielen Schiffe, die zwischen den Inseln und dem Festland verkehren.

Unweigerlich kommt dem Griechenland-Freund das Buch von Nikos Kazantzakis in den Sinn: „Zauber der griechischen Landschaft".

Nach rund 10 Minuten findet man das Schild: Schule des Homer. Ein schmaler Pfad führt einige Meter hinauf zu Ausgrabungen und Ruinen.

Es ist eines der drei Stätten, an denen der Palast von Odysseus gestanden haben soll. Ein wahrer Streit unter den Archäologen: In der Nähe ist noch ein Ort, an dem er gewesen sein soll. Schliemann, der nach seinen genialen Funden bei Troja und Mykene hier wohl sein Erfolgstrio komplettieren wollte, suchte südlich der schmalsten Stelle von Ithaka, man sieht noch die Ausgrabungen, wenn man zum Fährhafen von Piso Aetos fährt.

Den wahren Beweis sind aber bislang alle Grabungen schuldig geblieben. Aber ist es nicht anderseits herrlich, wenn noch irgend etwas für die Phantasie der Menschen erhalten bleibt?

So kann man sich in seinen Vorstellungen ausmalen, wie es gewesen sein muss im Palast des Odysseus: Der grosse Saal voller Freier, die auf Kosten des Hauses schmausten und sich über den „armen", verkleideten Bettler Odysseus lustig machten. Und inmitten dieser Schmarotzer die treue Gattin Penelope und der junge Telemach, den sein Vater nur als Kind gesehen hatte. Es gibt sogar Behauptungen, dass Homer hier einen Teil seines Lebens verbracht und gelehrt haben soll (daher auch der Name der Insel), denn seine geographischen Angaben sind immer wieder erstaunlich – aber das dürfte wohl frommes Wunschdenken lokalpatriotischer Archäologen sein.

Der Weg endet irgendwann an einem Gatter, ein schmaler Pfad führt zurück durch Büsche und Bäume hinab zum kleinen Ort Kalamos mit seiner Quelle. Eine Inschrift besagt: Wer von diesem Wasser trinkt, kommt wieder nach Ithaka.

Im Norden zeigt sich die Küste der Insel Lefkas, wo der Sage nach die Dichterin Sappho aus Liebeskummer und aus Sorge vor dem nahenden Alter sich von einer Klippe ins Meer gestürzt haben soll.

Nicht allein die Naturschönheiten sind es, die den Zauber eines Reiseziels ausmachen, auch nicht der Mythos allein. Es sind die Menschen, die man antrifft, die wie Farbkleckse die Würze einer Begegnung ausmachen.

Wer den kleinen Ort Stavros besucht, sollte unbedingt einen Besuch der Taverne Polyphemos in sein Programm einbeziehen. Keine Angst, es erwarten den neugierigen Besucher keine einäugigen Kyklopen, sondern ein liebevoll mit vielen Kleinigkeiten gestalteter Garten, der von der Schweizerin Monika mit ihrem Lebensgefährten Lazaros betrieben wird. Auf der Speisekarte findet man viele ungewöhnliche Gerichte. Wir sind mittags die letzten Gäste und so hat Monika etwas Zeit für einen Plausch.

Unterhalb von Stavros befindet sich der winzige Hafen Polis: Von hier aus soll Odysseus mit seinen Schiffen nach Troja aufgebrochen sein, um den Raub der schönen Helena zu rächen.

Auch Penelope findet ihren Widerhall in einer Taverne am kleinen Hafen von Frikes, wo die Fähren von der Nachbarinsel Lefkas anlegen. Der Wirt Staphis ist immer gute Laune und bringt singend und mit viel Charme die Getränke und Gerichte an den Tisch. Als er unser Deutsch hört, berichtet er von Hamburg, Bremerhaven und so weiter. Er war früher auf einem Tanker zur See gefahren und hatte diese Orte besucht.

Ein kleines Kompliment von ihm habe ich noch in Erinnerung: Die Deutschen seien wohl die einzigen Touristen, die sich die Mühe machten, etwas Griechisch zu lernen.

Reisen können einen Menschen formen, ändern oder sein Bewusstsein erweitern, wenn er mit offenen Sinnen sich dem Gegenübertretenden und Neuen widmet.

Überall auf der Welt warten Menschen auf irgendetwas.

Penelope ist ein Beispiel für unentwegtes, hoffnungsvolles Warten. Wie oft mag sie aufs Meer hinausgeschaut haben, immer in der Erwartung, ein sich blähendes Segel könnte die Heimkehr des Odysseus bedeuten. Barbara, eine junge Griechin aus Vathy, vom Hotel Mentor, erklärte sich bereit, einmal in die Rolle der hoffenden, suchenden, wartenden Penelope für ein Photo hineinzuschlüpfen und ihren Blick sehnsuchtsvoll aufs Meer zu richten.

Ithaka als Wort aber, als Symbol, als Ziel ist weitaus mehr.

Der griechische Dichter Konstantinos Kavafis hat es in seinem Gedicht „Ithaka" ein wenig anklingen lassen: Hier die ersten Zeilen:

Wenn du auf die Reise nach Ithaka aufbrichst,
wünsch dir, dass der Weg sich lange ziehen möge,
voll Abenteuer, voll Erkenntnis.
Vor Lästrygonen, vor Kyklopen,
vor dem zornigen Poseidon habe keine Angst,
derlei wirst du auf deiner Reise niemals finden,

wenn nur dein Denken hoch, wenn erlesene
Ergriffenheit dir Geist und Körper anrührt.
Den Lästrygonen und Kyklopen,
dem wilden Poseidon wirst du nicht begegnen,
wenn du sie nicht selber in deiner Seele mitschleppst,
wenn deine Seele sie nicht vor dir aufpflanzt

Die Inseln des Ionischen Meeres und der Ägäis sind Inseln der Wehmut
und der Sehnsucht zugleich. Auf der einen Seite das wehmütige Gefühl,
eine Insel, die man lieben gelernt hat, zu verlassen, auf der anderen Seite
taucht aber aus der Bläue des Meeres die nächste Insel, das nächste Ziel
der Sehnsucht auf.
Ithaka bleibt im Kielwasser der Fähre „Agia Marina" zurück.
Ob wir wohl wiederkommen?
Wir haben das Wasser der Quelle von Kalamos getrunken!

Wie kommt Homer nach Ithaka?

Schenkt man Homer Glauben, so war ganz Hellas in Aufruhr, denn Paris, ein Sohn des trojanischen Königs Priamos, hatte es gewagt, die Frau des Menelaos, des Königs von Sparta, zu entführen. Ob es im gegenseitigen Einvernehmen war oder doch ein Raub, darüber schweigen die antiken Chronisten. Es war keine geringere als Helena, die schönste Frau der Welt. Sie war eine Tochter des Göttervaters Zeus.

Agamemnon, aus dem Haus der Atriden, der Bruder des Menelaos und König von Mykene, setzte nun alles in seiner Macht stehende daran, diese Tat ungeschehen zu machen und Helena zu „befreien".

In dieser damals patriarchalisch dominierten Welt musste so ein Vergehen gesühnt und die Ehre der Atriden wieder hergestellt werden.

An alle griechischen Herrscher schickte er Boten, um Beistand für die Strafaktion zu erbitten.

Auch nach Ithaka, wo Odysseus gerade Vater eines Sohnes geworden war.

Dieser hatte auch schon von dem Raub gehört und hatte wenig Lust nur wegen einer untreuen Frau, wie er meinte, auch wenn sie die Frau eines Königs war, in den Krieg zu ziehen. Aber er hatte vor längerer Zeit am Königshof von Sparta ein Versprechen zum Schutz der Helena abgegeben. Alle Bewerber um die Hand der Schönen mussten dieses Versprechen abgeben.

Homer nennt Odysseus stets den Listenreichen. Dafür war er in ganz Hellas bekannt. Agamemnon fürchtete, Odysseus würde sich bestimmt durch irgendeine Liste vor dem Einsatz nach Troja drücken. Also schickte er Palamedes, einen ebenso geschickten und listenreichen Verhandler nach Ithaka.

Dieser traf Odysseus beim Pflügen an. Nicht wie gewöhnlich mit zwei Ochsen, sondern mit einem Ochsen und einem Esel – eine für griechische Verhältnisse äusserst ungewöhnliche Kombination. Um diesen Eindruck einer Art Verwirrtheit noch zu verstärken, warf Odysseus nicht Samen in die Furchen, sondern Salz über seinen Kopf hinweg nach hinten.

Palamedes sah sich das eine Weile an, durchschaute aber schnell das Manöver Odysseus'. Rasch riss er den kleinen Telemach der Penelope aus den Armen und legte das weinende Kind in die Furche vor den Pflug.

Da gab Odysseus auf und erklärte sich zum Mitmachen bereit. Er verzieh dem Palamedes aber nie, dass er ihn überführt hatte.

So weit die Vorgeschichte bzw. eine der Vorgeschichten zum Trojanischen Krieg.

Warum aber lässt Homer diese Vorgeschichte ausgerechnet auf der so weit entfernten und so unscheinbar kleinen Insel Ithaka spielen? Wer mag ihm davon erzählt haben? Hat er sie gar selbst einmal besucht? Wir wissen es nicht.

Man sagt, der blinde Dichter Homer hätte auf der Insel Chios oder in Smyrna gelebt (beide Stätten streiten sich darum). Hätte er nicht eine Insel in der Nähe nehmen können? Wir wissen es nicht.

Oder hatte Homer eventuell bereits seine zweite grosse Dichtung, die Odyssee, im Kopf gehabt? Und die erforderte nun mal eine weite Reise auf dem Weg zurück von Troja nach Ithaka und nicht nur einen Katzensprung vor die Haustür.

Auch das wissen wir nicht.

Aber wie dem auch sei, nähert man sich dieser Insel Ithaka, so hat man das grossartige Gefühl im Bauch, auf den Spuren oder den Geheimnissen einer über zweitausend Jahren alten Geschichte zu wandeln.

Santorini – die Schönste

Die Bewohner der Insel Santorini sind von sich sehr eingenommen, nennen sie ihre Insel doch auf griechisch: „I Kalliste", die Schönste.

Und wenn man Santorini einmal gesehen und erlebt hat, so muss man ihnen ein wenig beipflichten.

Diese Insel sollte man nicht mit dem Flieger ansteuern, sondern nur mit dem Schiff, sei es von den Nachbarinseln Ios oder Folegrandos her oder direkt von Piräus aus. Die Einfahrt in den Hafen Thira der Insel ist eine der schönsten und überwältigendsten Einfahrten, die ich je erlebt habe. Hoch oben zeigten sich auf der linken Seite die weissen Häuschen von Oia, die wie Vogelnester am und auf den Felsen klebten. Alle schauten nur nach oben.

Die Insel hat eine ungewöhnliche Form, sie gleicht einem nach Westen offen zeigendem grossen Buchstaben „C".

Um das Jahr 1500 v. Chr. brach hier eine gewaltige Naturkatastrophe aus, die die gesamte Insel zerstörte und im Meer versinken liess. Nur aussen blieb ein Rand stehen, die jetzige Insel mit einer steil aufragenden Caldera und zwei kleine Inselchen, Thirassia und Apronisi. Mittendrin das kleine Eiland, Nea Kameni, die „Neue Verbrannte", das ist der verbliebene Ausgang des Vulkans. Man sollte ihr einen Besuch abstatten, dann ahnt man ein wenig die dramatische Vorgeschichte der Insel. Sie besteht nur aus schwarzem und dunkelrotem Lavagestein und wenn man genau „hinriecht", dann spürt man noch den Schwefelgeruch aus den Fumarolen.

Ein kleiner Insel-Tipp: Wer Freude an Vulkanismus hat, der sollte es bei einem Besuch der Insel Kos nicht versäumen, einen Abstecher auf die Nachbar-Insel Nissiros zu machen. Dort in dem alten Krater dampft und riecht es noch immer nach Schwefel.

Man nimmt an, dass hier danach eine Art furchtbarer Tsunami entstand, der auf der südlich liegenden Nachbarinsel Kreta die Kultur der Minoer auslöschte.

Im Süden Santorinis befindet sich unter einem Schutzdach das grosse Ausgrabungsgelände Akrotiri. Diese Siedlung wurde erst im 20.Jahrhundert entdeckt. Hier scheint eine Hochkultur existiert zu haben, es zeigen sich mehrstöckige Häuser mit herrlichen Wandmalereien, die jetzt allerdings nur in Athen im National-Museum zu sehen sind. Daher ist diese Ausgrabungsstätte für den Laien nicht so interessant.

Auch diese Kultur wurde wohl durch den Vulkanausbruch zerstört. Im Gegensatz zu Pompeji, wo man in den Ausgrabungen noch menschliche Körper fand, die vom Ausbruch des Vesuvs überrascht worden waren, fand man in Akrotiri nichts dergleichen. Offenbar hatte sich der Ausbruch schon länger angekündigt und die Bewohner konnten Fluchtpläne schmieden. Ob die Flüchtenden von dem gewaltigen Tsunami überrascht worden sind? Und daher ihre Kultur im Meer versunken ist? All das sind Rätsel der Vergangenheit, die nicht so einfach zu lösen sind.

Der Hauptort Thira glänzt mit seinen weissen Häuserzeilen, die sich am Kraterrand entlang ziehen. Besonders, wenn die riesigen Kreuzfahrtschiffe hier anlegen, wimmelt es von Touristen. Der ganze Ort scheint dann wie ein grosser Basar zu sein, die zahlreichen Juweliergeschäfte lauern auf zahlungskräftige Kunden.

Das ganze Gegenteil des Westens der Insel mit seinem hohen Kraterrand ist der Osten der Insel, der flache langgezogene Lavastrände aufweist. Der Ort Kamari erinnert mit seiner Uferpromenade voller Hotels, Restaurants und Tavernen an italienische Küstenorte.

Und doch hat dieser Ort für mich eine bestimmte Bedeutung.

Manchmal hat man auf einer Insel bereits Sehnsucht nach einer anderen Insel.

Jedesmal wenn wir in Kamari weilten, sah ich im Osten, morgens besonders deutlich, die kleine Nachbarinsel Anafi. In mir erwachte so etwas wie ein Insel-Sammler-Drang, auch sie wollte ich unbedingt einmal kennen lernen.

Gesagt, getan! In einem nahe gelegenen Reisebüro arbeitete eine Deutsche, die mit einem Griechen verheiratet war. Sie organisierte das Taxi, die Fähre und ein Zimmer drüben für eine Nacht.

Abends kam die Fähre angerauscht. Das Ankommen der Fähren war für uns immer wieder aufregend. Leute verliessen das Schiff, andere stiegen hinzu. Koffer rollten. Begrüssungen. Lärm und Bewegung. Alles muss schnell gehen! Und ehe man sich versah, war die Fähre schon wieder unterwegs zur nächsten Insel.

Ein etwas klappriger Bus fuhr uns drüben hoch zum kleinen Hauptort Chora mit seinen vielen kleinen weissen Häusern. Hier auf der Insel hat der Tourismus noch keine grossen Spuren hinterlassen, die Fährverbindungen sind nicht so häufig, aber in diesem Fall hatten wir das Glück, am nächsten Abend fuhr wieder ein Schiff nach Santorini zurück.

Eine Griechin hatte für uns ein Fremdenzimmer vorbereitet und gleich gegenüber war eine nette Taverne.

Am nächsten Tag versuchten wir die Insel etwas zu erkunden. Ein einziger Bus fuhr zwei- bis dreimal an der Südküste entlang. Lange Strände, weitgehend ohne schattige Bäume. Der Busfahrer, ein lustiger Mann, schenkte uns die Fahrkarte, weil er sich über meine Griechisch-Kenntnisse freute.

So konnte ich meiner griechischen Insel-Sammlung eine weitere hinzufügen.

Kurzum: Santorini hat kulturell nicht allzu viel zu bieten, wer aber Freude an malerischen Ausblicken über die weissen Häuser hinaus aufs Meer liebt, der ist auf Santorini gut aufgehoben. Ein Spaziergang am Kraterrand von Thira nach Oia ist ein Fest für die Ästhetik!

Und es gibt doch noch etwas: Den besonderen Wein der Insel. Es gibt keine Rebenzeilen, sondern die einzelnen Weinstöcke sind in kleine Lavamulden eingepflanzt. Man braucht sie nicht zu giessen, der morgendliche, durch das Meer bedingte Tau wässert die Stöcke.

Wenn man Glück hat, kann man auch in Deutschland manchmal einen der Inselweine erstehen.

Kythera - Eine Insel voller Mythos

Heute ist Freitag, der Tag der Venus. Im Italienischen und Französischen ist sie mit venerdi und vendredi noch präsent. Was das mit der Insel Kythera zu tun hat - darüber später. Die Überfahrt nach Kythera (griechisch Kythira) ist gebucht, denn dieses Eiland spielt in der griechischen Mythologie eine große Rolle.

Beginnen wir daher mit der Geschichte, die Hesiod, einer der ältesten griechischen Erzähler, der es sogar gewagt hat, die Entstehungsgeschichte der Götter zu beschreiben.

Vor urlanger Zeit gab es nur drei Elemente, so will ich sie einmal nennen, den Himmel Uranos, die Erde Gaia und ein Drittes, Eros, dieses geheimnisvolle Prinzip, das die Gegensätze zueinander zieht.

Des Nachts beugte sich Uranos über die Erde, um sich mit ihr zu vereinigen. Daraus entstanden eine Unzahl von Ungeheuern, unter anderem auch die Titanen.

Irgendwann wurden aber der Erde Gaia diese ständigen „Besuche" des Uranos lästig.

Sie zog den Jüngsten der Titanen, Kronos, zu Rate, wie dem abzuhelfen sei.

Es gab nur eine Lösung, man musste dem Zeugungsdrang des ungeliebten Vaters ein Ende setzen.

So gab sie dem Sohn eine steinerne Sichel und bat ihn, bei der nächsten Annäherung sich heranzuschleichen und dem Vater die Männlichkeit abzuschneiden.

Gesagt, getan. Sie brauchten nicht lange zu warten und Kronos schritt zur Tat. Er hieb dem Uranos eben jenes Organ ab und warf es in hohem Bogen hinter sich ins Meer.

Sinnigerweise landet die abgeschlagene Männlichkeit des Urgottes nicht etwa auf hartem Gestein, auf dem sie zerschellen würde, oder im trockenen Sand, auf dem sie verdörren würde. Nein, das sommerlich warme Meer der Ägäis nimmt sie auf. Das Wasser, mit seiner aufnehmenden, umfließenden, alles katalysierenden Kraft empfängt - symbolisch - den schöpferischen Urimpuls und transmutiert das einstmals Gewesene zu etwas Neuem, nie Dagewesenem.

Bei der Insel Kythera fiel es ins Meer. Das Meer schäumte auf und es entstand ein wunderschönes Wesen, Aphrodite, die Schaumgeborene, wie sie deswegen auch hiess.

Die warmen Strömungen der Aegeis trieben das neue Wesen bis hin nach Zypern, wo sie bei dem Ort Paphos an Land stieg, von den göttlichen Horen empfangen und auf den Olymp geleitet wurde.

Soweit die erste Erwähnung der Insel Kythera.

Das Wesen Eros, das nach der Genealogie der Götter seit dem Anfang der Zeit bestand und die Partner Uranos und Gaia zueinanderführte, erlebte eine Metamorphose. Aus dieser alten Urerscheinung, die sich im mythologischen Dunkel verliert, wird ein Begleiter der neuen Göttin.

Aus dem Gestaltlosen wird mit der Zeit der kleine geflügelte, pausbäckige Eros als verlängerter Arm der Aphrodite. Tückischerweise hat er aber bis in die heutige Zeit als kleiner Gedankenschimmer an den Uranfang das unberechenbar-archaische, von keiner klaren Vernunft getragene Prinzip aufrecht erhalten: Mit Pfeil und Bogen ist er noch immer unterwegs und trifft manchmal blitzartig einen Menschen (was oft tragisch endet oder Stoff für Lieder und Dramen gibt) oder auch zwei mit einem Pfeil (was ganz unprosaisch in einer Ehe enden kann oder aber, falls unüberwindbare Hemmnisse dazwischenliegen, ebenfalls zum Drama werden kann).

Jean-Antoine Watteau; Einschiffung nach Kythera
Städel-Museum, Frankfurt

Jean-Antoine Watteau, Einschiffung nach Kythera
Louvre, Paris

Schon lange kreiste das Bild von Jean-Antoine Watteau „Ile de Cythera"
aus dem Städel-Museum in Frankfurt in meinem Kopf - heute endlich ist
der Tag, um diese mythenbeladene Insel zu besuchen. Ob sie wohl so ist,
wie Watteau sie sich romantisch-idealisierend vorgestellt hat?

Dieses Thema scheint den Maler sehr intensiv beschäftigt zu haben,
denn er hat es gleich dreimal gemalt. Eines davon (1710) hängt im Städel
in Frankfurt, eines (1717) im Louvre, ein drittes (1718) im Schloss Char-
lottenburg in Berlin.

Im Hafen von Neapoli, der kleinen geschäftigen Hafenstadt im Südwesten der lakonischen Halbinsel, des südöstlichsten Zipfels des Peloponnes,
liegt unser Schiff, die „Insel Kythira". Erstaunlich, was alles in den Bauch
des kleinen Schiffes hineingeht - rückwärts mit dem Auto rein, alles muss
schnell gehen.

Pünktlich um acht Uhr legt das Schiff ab.

Neapoli wird kleiner, die noch etwas im Dunst liegende Insel grösser.
Diese Reisen in der Ägäis mit ihren vielen Inseln haben einen schwer zu
beschreibenden Zauber. Das Alte bleibt zurück, am Horizont taucht das
Neue auf, unbekannt. Wie wird es wohl sein? Fast alle Inseln haben so
etwas wie einen eigenen Charakter, eigene Bräuche, eine eigene Geschichte, eingebettet in das antike und das heutige Griechentum.

Der Reiseführer beschreibt die Insel als wenig grün und als unfruchtbar.
Eine angenehme Enttäuschung - an diesem Tag Ende Mai leuchtet die
Insel in freundlichem Grün. Kiefern, Akazien und Eukalyptus säumen die

Strassen. Ginster wächst an den Seiten, dessen intensiver Duft bis ins Auto strömt.

Welch eine Wohltat - nur wenige Autos befahren die gut ausgebauten Strassen.

Im Hauptort der Insel, Chora (so heissen sie auf vielen Inseln) lädt ein Kafenion zu einem Kafes ellinikos ein, diesem herrlichen Getränk, das man entweder ohne Zucker, halbsüss oder süss bestellen kann. Am Nachbartisch sitzen schon am frühen Morgen einige ältere Männer. Dass sich die nicht gerade unresoluten griechischen Frauen das gefallen lassen! Oder sind sie einfach nur froh, dass diese Kerle, die zu nichts mehr nutze sind als zum Palavern, Trinken und Zigarette rauchen, nicht im Haus sind und sie in Ruhe ihrer Arbeit nachgehen können, ohne über die Beine dieser Nichtsnutze zu stolpern. Wer weiss?

Weiter geht's auf kurviger Strasse gen Süden bis Kapsila: Eine idyllisch geschützte Bucht, ein hoher Burgberg mit Ruine und einige kleine Kirchen sind zu sehen.

Wir parken unseren Wagen stilgerecht an einem Hotel namens Aphrodite und bummeln die Uferpromenade entlang. Es sind noch nicht viel Touristen da, im Hafen liegt ein Boot aus Hamburg. Ein junges Pärchen ist schon seit 3 Jahren in der Ägäis unterwegs - sie sehen etwas mitgenommen aus. Ob sie wohl wieder einen Einstieg in die sich rasant verändernde Welt finden werden?

Das kristallklare Wasser der Bucht lädt zum Baden ein. Eine Taverne mit blauen Stühlen bietet ein einfaches Mittagessen. Die Speisekarte war nicht allzu umfangreich.

Nun wollen wir uns auf die Suche machen, nach den mythologischen Stätten, die die Insel so berühmt gemacht haben. Eine davon dürfte kaum zu finden sein, zu weit ragt sie in das Urdunkel der Sage hinein. Hier in der Nähe, in den warmen Wassern der Ägäis, landete die abgeschlagene Männlichkeit des Uranos. Der Täter Kronos, der damit die Herrschaft des Alten ablöste, hatte es hinter sich geworfen. Die Folgen waren etwas gänzlich Neues: Aus den Wellen des Wassers tauchte Aphrodite auf, die Göttin der Liebe und Schönheit. Aber sie musste noch ein wenig warten, bis das Schicksal ihr einen Landgang genehmigte - bei Paphos auf Zypern empfingen sie die Horen und bekränzten sie mit Blumen, bis sie zur Freude aller männlichen Götter den Olymp betrat.

Soweit noch einmal zur Vorgeschichte. Aber etwas Ungeheures stellte sich auf dieser Insel ein. Getreu dem Versprechen der Aphrodite, dem Jüngling Paris die schönste Frau der Welt zu „vermitteln" wenn er ihr den Apfel der Eris, der Zwietracht, mit der Aufschrift „Der Schönsten" überreiche.

Dazu muss ich wieder etwas in die farbige griechische Mythologie eintauchen, damit die Zusammenhänge etwas deutlicher werden.

Eine große Hochzeit fand statt. Peleus, der spätere Vater von Achilles, und die Meerjungfrau und Halbgöttin Thetis hatten endlich zueinander gefunden. Alles was an Berühmtheiten und Göttern in Hellas lebte, war eingeladen. Nur Eris nicht, die Göttin der Zwietracht, denn Zeus wollte einen harmonischen Tag ohne Zank und Streit erleben. Aber auch die Götter haben nicht immer alles im Griff.

Denn Eris sann auf Rache. Und das geschah so:

An einem Tisch bei der Hochzeit saßen, Einträchtigkeit demonstrierend, Hera, die Gattin des Zeus, Athena, die Zeustochter und Göttin der Weisheit, sowie Aphrodite beieinander.

Plötzlich tat sich die große Saal-Tür auf und Eris, stand mit einem boshaften Grinsen im Gesicht, in der Türöffnung. In der Hand hielt sie einen goldenen Apfel, den sie gezielt an den Tisch kullern liess, an dem die drei Göttinnen saßen.

Auf dem Apfel stand eingeritzt der Schriftzug „Der Schönsten".

Jede der Dreien war nun der Ansicht, dass dieses Lob nur ihr gebühre und es entwickelte sich ein lebhafter, sich ständig steigernder Streit, bis Zeus eingriff, die Damen zur Mässigung aufrief, gerade in Anbetracht der anderen Hochzeitsgäste, die schon ganz irritiert diesen Göttinnenstreit beobachteten.

Zeus versprach ihnen einen männlichen Juror, der diese Frage entscheiden sollte.

So wählte er sich Paris, den Sohn des Königs Priamos von Troja, als Schiedsrichter, der gerade in den Bergen des Ida seine Herde hütete.

Zu dessen Verwunderung tauchten eines schönen Tages die drei Göttinnen vor ihm auf und forderten sein Urteil ein.

Hera versprach ihm Ruhm, Athena Weisheit. Aphrodite jedoch versprach ihm, mit einem gekonnten Augenaufschlag, die schönste Frau der Welt.

Helena, die Frau des Menelaos, des Königs von Sparta, galt als die schönste Frau der damaligen Welt.

Götter, auch Göttinnen, halten Wort.

Um es kurz zu machen: Zufällig – Aphrodite führte natürlich Regie, sie wollte ja ihr Versprechen halten – trafen sich beide im Tempel der Aphrodite, den die Einwohner von Kythera errichtet hatten.

Paris wurde nach Sparta eingeladen. Wie es der Zufall, hier heisst er wohl Aphrodite, so wollte, hatte Menelaos einen Termin anderswo und musste verreisen. So hatten Helena und Paris viel Zeit füreinander.

Sie verliebten sich und Helena liess sich von Paris nach Troja entführen, ob freiwillig oder mit sanfter Gewalt, das konnte später nie eindeutig geklärt werden.

Also eine schicksalsträchtige Begegnung auf Kythera, die zu nichts Geringerem als dem Trojanischen Krieg führte, den uns Homer in seinem Epos „Ilias" so farbig-poetisch-dramatisch überliefert hat.

Man sieht - überall in der Ägäis ist Geschichte verwoben mit Sagen und Mythen zu finden.

Wo also sind die Ruinen dieses Liebes-Tempels, an dem sich beide trafen? Durch grüne Landstriche mit Macchia und Ginster fahren wir gen Nordosten. Der kleine Fischerort Avlemonas liegt mit reizenden kleinen Häusern, teilweise in dem Ägäis-Blau geschmückt, am Ende dieser Strasse. Eine kleine Uferpromenade wurde gebaut, Bänke unter schattigen Bäumen laden zum Schauen und zum Träumen ein. Natürlich darf in einem solchen Ort etwas nicht fehlen - eine der schönsten griechischen Institutionen, nämlich die Tavernen. Ein langer Strand ist menschenleer. Kein Schild weist auf den Tempel hin und niemand weiss, wo er eigentlich liegt. Etwas enttäuscht fahren wir weiter durch kleine Orte, in denen die Zeit stehen geblieben zu sein scheint.

Es heisst Abschied nehmen, denn die Fähre fährt früh zurück. Langsam taucht sie schon am Horizont auf.

Es ist Freitag vor dem griechischen Pfingstfest - viele Familien strömen aus der Fähre, um das Pfingstfest hier mit Verwandten zu feiern.

Die Insel wird kleiner. Ein letzter Blick zurück, die Sonne strebt orange-golden dem Meer entgegen. Die weissen Häuser von Neapoli werden grösser.

Das nächstemal wollen wir etwas länger verweilen.

Aber nicht jedes Versprechen lässt sich halten und nicht jede Absichts-erklärung kann eingelöst werden.

Die Zeit und die Weite haben so ihre eigenen Bedingungen.

.

Patmos

Diese Insel ist die nördlichste der Dodekanes-Inseln, zu denen auch Samos und Kos gehören.

Der Besuch ist nicht gerade einfach. Entweder man fliegt bis Kos und nimmt dann die Fähre über Kalymnos und Leros nach Patmos oder das Schiff von Piräus.

Was macht nun die Insel so attraktiv, um eine etwas beschwerlichere Reise anzutreten.

Es hat einen Bezug zur Bibel, genauer: Zum Neuen Testament.

Im Jahr 96 wurde der Evangelist Johannes vom damaligen Kaiser Domitian nach Patmos verbannt. In der Verbannung verbrachte er seine Zeit in einer Grotte, in der er die Vision der Apokalypse empfing, die ja ein Teil des Neuen Testamentes ist, und sie seinem Schüler Prochoros diktierte.

Die orthodoxe Kirche ist fest davon überzeugt, dass dieser Evangelist identisch ist mit Johannes, dem Autor des Johannes-Evangeliums.

Wir haben es an Ort und Stelle, also der tiefliegenden Grotte, wohlwollend akzeptiert, waren aber skeptisch, wenn man so auf die Jahreszahlen schaut.

Für gläubige Christen ist die Höhle der Apokalypse noch immer ein Wallfahrtsort.

Man muss den Insulanern konzedieren, dass sie für christliche Pilger Legenden und Attraktionen schaffen. Denn Besucher bringen immer etwas Geld in die meist klammen Kassen.

Nach der Eroberung Konstantinopels im Jahr 1453 durch die Türken, blieb Patmos eine Weile ohne türkische Besatzung und der Handel blühte. Erst 1669 übernahmen die Türken die Insel.

Ein Ereignis bleibt mir von Patmos in lebhafter Erinnerung: Der grandioseste Sternenhimmel, den ich je gesehen habe, weder in Namibia in der Wüste war er so schön, weder in Australien am Ayers Rock, auch nicht im Süden Chiles in Patagonien und ebenfalls nicht auf der Osterinsel im Pazifik. Dieser Sternenhimmel war irgendwie der Anstoss für mein Buch „Der Weltraum, die Sterne und wir".

Athos – Unterwegs im Garten der Gottesmutter

Diese Halbinsel Griechenlands ist etwas ganz Besonderes. Sie ist ausschliesslich von Männern bewohnt, von Mönchen, die ihr Leben der Religion, dem Glauben und insbesondere der Gottesmutter Maria gewidmet haben.

Der Sage nach soll dereinst Maria mit Johannes, dem Lieblingsjünger Jesu, unterwegs auf einer Seereise nach Zypern gewesen sein. Bei der Umrundung der Halbinsel Athos gerieten sie in einen furchtbaren Sturm, der sie zwang an Land zu gehen, und zwar ungefähr in der Gegend, in der sich heute das Kloster Iviron befindet, übrigens auch das erste Kloster, das wir kennen lernten. Der Gottesmutter soll diese paradiesische Gegend so gut gefallen haben, dass sie ihren Sohn bat, ihr den ganzen Berg als Geschenk zu überlassen.

Die Legende sagt weiter, man hätte eine Stimme vernommen: „Dieser Ort sei dein Eigentum, dein Garten und Paradies und zudem rettender Hafen für jene, die gerettet werden wollen."

Seitdem ist die Muttergottes, die Panagia, wie die Griechen sagen, als Alleinherrscherin fest eingeschrieben und für die Mönche ist sie die Allerheiligste und Einzige geblieben. Das ist der Grund, dass weibliche Wesen hier absolut unerwünscht sind, damit die Mönche nicht in ihrem Glauben und ihren Gebeten gestört werden. Die griechische Regierung hat ihnen dieses Recht auch urkundlich zugebilligt.

Selbst weibliche Haustiere sind nicht gestattet, nur Katzen wegen der Mäuse und Hühner wegen des Eigelbes für die Ikonenmalerei. Als Lasttiere für die steilen Treppen und Wege fungieren Maultiere und männliche Esel.

Ohne ein vorher zu beantragendes Visum, das Diamonitirion, ist für Nicht-Othodoxe der Besuch der Mönchrepublik nicht möglich.

Während der türkischen Besetzung, die immerhin fast fünfhundert Jahre gedauert hat, haben viele Mönche Athos verlassen, so dass viele Klöster fast verwaist waren. Jetzt ist aber wieder ein Umschwung zu verzeichnen.

Aber die Mönche haben während der türkischen Herrschaft einen wichtigen Beitrag für die Bewahrung der griechischen Kultur geleistet, indem sie die ethnische und kulturelle Identität sowie die Sprache bewahrten.

Viele Männer sind von dieser kalten, technisch orientierten und oft herzlosen Welt frustriert und suchen eine Änderung in ihrem Leben in der Gemeinschaft der Mönche auf Athos.

Ich hatte die Halbinsel bereits vorher zweimal bei einer Vorbeifahrt aus fünfhundert Meter Entfernung gesehen, näher ist es nicht erlaubt. Von weitem sahen die Klöster nicht wie kirchliche Stätten aus sondern eher wie mittelalterliche Trutzburgen, so als ob die Mönche sich häufig verteidigen mussten.

„Wie mochte es wohl im Inneren aussehen? Wie mochte das Leben der Mönche dort ablaufen?" waren damals meine Gedanken. Ich konnte nicht ahnen, dass ich später einmal vieles aus der Nähe erleben durfte.

Als ich meinem Freund Kostas, den ich von zwei Studiosus-Inselreisen kannte, von meinem Wunsch erzählte, sagte er: Nichts leichter als das! Er hatte auf der Insel Patmos ein Zweitdomizil und kannte den Abt des Klosters auf Patmos gut, der früher auf Athos gelebt hatte. Den wollte er um Rat und Empfehlungsschreiben bitten.

So brachen wir, zehn Freunde, auf, um den Geheimnissen des Heiligen Berges näher zu kommen. Und die Organisation sollten wir ihm überlassen.

Unsere erste Athos-Bekanntschaft: Kloster Iviron im Südwesten

Über den kleinen Hafen Daphni und den Hauptort Karyes gelangten wir zu unserem ersten Kloster Iviron. Wie klein und unbedeutend kamen wir uns vor den riesigen Mauern vor, die das Kloster zur Meeresseite zeigte.

Die Mönche mussten sich früher häufig gegen Räuber und Piraten wehren, als letzte Zufluchtstätte diente wie auch in vielen anderen Klöstern ein Wehrturm.

Auf ausgetretenen Steinstufen ging es hinauf. Der Gästebetreuer, der Archontaris, war nicht anwesend, so machte uns Kostas im Gästeraum etwas Tee und irgendeine Kleinigkeit zum Essen.

An der Liturgie um 18 Uhr nahmen wir im Vorraum des Katholikons teil, das Innere war nur für Griechisch-Orthodoxe vorgesehen. Wir lauschten den Sprechgesängen auf altgriechisch, die wir natürlich nicht verstanden. Sicher auch auf Neu-Griechisch, das Demotiki, nicht. Dunkle lange Kutten mit dunkler Kappe und schwarzem Schleier, so nahmen wir die Mönche war. Alles war für uns ungewöhnlich und neu. Ein Gehen und Kommen, gehauchte Küsse auf die glasgeschützten Ikonen, verbunden mit Verbeugung und leichtem Kniefall. Manche Ikone zeigte die Panagia, die Gottesmutter, mit dem Jesus-Knaben.

Hin und wieder kam ein Mönch, ein duftendes Weihrauch-Gefäss schwenkend, auch an uns vorbei.

Nach dem Gottesdienst winkte man uns zum Mitkommen. Es ging in eine kleine Nebenkapelle. Hier wird die heilige und wundertätige Ikone der Portaïtissa, der Pförtnerin, aufbewahrt. Der Legende nach wurde sie auf den Meereswellen aus Konstantinopel hierher an die Küste des Klosters angespült. Sie ist eines der Prachtstücke des an Ikonen reichen Agion Oros, des Heiligen Berges.

So nebenbei: Die meisten Griechen, auch mein Freund Kostas, verwenden noch immer den alten Namen Konstantinopel, das türkische Wort Istanbul geht ihnen nur schwer über die Lippen.

Die nächsten Eindrücke werden wir alle mit Sicherheit nicht vergessen.

Nach dem Gottesdienst ging es hinüber in die Trapeza, den Speisesaal. Der Abt und die Mönche nahmen Platz, dann wies man uns unsere Plätze zu. Schweigend ging alles von sich, der Abt sprach ein kurzes Gebet und dann durfte man anfangen. Der Anagnostis, der Vorleser, las aus der Bibel vor. Kein Wort fiel, man hörte nur das Klappern des Blechgeschirrs und die Ess-Geräusche der Nachbarn.

Es gab ein reichhaltiges Essen, Brot, Gemüse, etwas Wein und sogar gebratenen Fisch.

Wir liessen es uns schmecken, doch plötzlich ertönte eine kleine Glocke und alle Mönche standen auf. Wir auch. Das Essen war beendet. Damit hatten wir „Uneingeweihten" nicht gerechnet und mussten etwas befremdet und enttäuscht unsere Restmahlzeit stehen lassen. Wir wollten ja nicht auffallen. Als letzte verliessen wir die Trapeza.

Anders als wir es gewohnt sind, dient das gemeinsame Essen der Mönche nicht der Kommunikation und Konversation, sondern ist ein Teil des religiösen Tagesablaufs und dient der Belebung und Stärkung der physischen Kräfte, um die stundenlangen Dienste an Gott und auch die dem einzelnen Mönch vom Abt zugeteilten weltlichen Pflichten wie Küchendienst und Arbeit auf dem Felde zu erleichtern.

In schwindelnder Höhe bezogen wir unsere Nachtquartiere.

Auf Athos heisst es früh aufstehen. Wir freuten uns nach dem abgebrochenen Abendmenu auf das Frühstück. Aber es gab nur einen undefinierbaren Tee und hartes Brot. Ohne Einweichen hätten wir uns wohl daran die Zähne ausgebrochen.

Diese Pilgerreise, so will ich sie mal bezeichnen, führte uns noch zu verschiedenen Klöstern, aber sie alle aufzuzählen, würde für dieses Buch zu weit führen.

Ein Erlebnis sei noch erwähnt. Auf einer Wanderung zu einem Nebenkloster im Süden, wo man sich der Ikonen-Malerei widmete, beschlossen die Teilnehmer mir für meine Organisation eine Ikone zu schenken bzw sie in Auftrag zu geben. Ich suchte mir den Heiligen Thomas aus, den Ungläubigen Thomas, den Jünger Jesu. Ein wenig inspiriert auch durch das Buch von K.O.Schmidt „Das Thomas-Evangelium".

Ein Jahr später kam die Ikone an und man übereichte sie mir stilgerecht in einem griechischen Restaurant. Und so schaut der Heilige Thomas mir auch beim Verfassen dieser Zeilen zu.

Aber es sollte nicht die letzte Reise sein.

Zu Hause sagte einer der Teilnehmer: „Eigentlich waren wir gar nicht richtig auf Athos, denn wir waren nicht oben auf dem Heiligen Berg!"

In der Tat, das fehlte wirklich!

Blick auf den Heiligen Berg

Und so organisierte ich wieder mit meinem Freund Kostas eine Reise. Wir wollten oben übernachten, also kamen Rucksäcke, Schlafsäcke und Iso-Matten ins Gepäck. Wir ahnten jedoch nicht, was uns bevorstand!

Am Tag vor unserem Aufbruch besuchten wir noch Pater Eugenios in der Nea Skiti. Er war als Kind griechischer Gastarbeiter im Norden Deutschlands aufgewachsen und sprach noch leidlich Deutsch. Mit ihm diskutierten wir das So-Sein als Mönch, die Beziehung zu Gott und das Leben hier am Heiligen Berg.

Der Hlg. Athanassios, der Gründer des ersten Klosters Megisti Lavra, prägte den Bekennersatz der Athos-Mönche:

So viel Alleinsein wie nötig, so viel Gemeinsamkeit wie möglich.

Das Hobby von Pater Eugenios und wohl auch sein Broterwerb war die Ikonenmalerei. Er zeigte uns das ganze Gebäude. Auf einem Tisch stand ein Laptop und auf dem Boden stand ein noch nicht ausgepackter HP-Farbdrucker.

„Die werden doch wohl nicht ...   !" war mein erster Gedanke. Aber nein, ich verwarf ihn gleich wieder. Ikonen kann man nicht drucken! Aber die Neuzeit hält auch auf dem Athos Einzug. Handys sind weit verbreitet.

Mancher Mönch besass davon sogar zwei.

Der Aufstieg auf den Heiligen Berg

Nach einem kargen Frühstück in der Skite Agia Anna starteten wir. Der Berg ist 2033 Meter hoch und rund 2000 Höhenmeter lagen noch vor uns. Kostas hatte für zwei Bequeme vier Maultiere organisiert. Vorn der Führer, auf das hintere Maultier schnallten wir unsere Rucksäcke. Die Koffer hatten wir bei Pater Grigorius im Kloster Agios Pavlos deponiert. Immer erstaunlich zu beobachten, wie trittsicher die Tiere sind, obwohl sie ihre hinteren Beine ja nicht sehen können.

Nach drei beschwerlichen Stunden kam in rund 1500 Meter die Hütte der Panagia in Sicht. Das Wetter hatte sich etwas verschlechtert und dunklere Wolken zogen auf. Die griechische Wettervorhersage stimmte.

Die nächsten 600 Meter waren die schwersten. Kurz vor dem Gipfelkreuz fing es an zu regnen. Schnell warf ich noch vom Gipfel einen Blick nach Norden: Da lagen sie, wie wie eine Perlenkette, die vielen Klöster, Skiten und Einsiedeleien.

Ganz oben fanden wir zum Glück eine kleine Kapelle, die Kapelle der Metamorphosis, der Verklärung. So hatten wir wenigstens ein Dach über dem Kopf. Aber es war kalt, plus 4 Grad, und das Mitte Juni.

Zu fünft breiteten wir unsere Schlafsäcke aus, viel mehr Platz gab es nicht. Zu später Stunde kamen noch drei ältere Patres – unerklärlich, wie sie in der Dunkelheit den Weg hier her gefunden haben. Der Herrgott hatte wohl seine schützende Hand auf sie gelegt. Am nächsten Morgen waren sie plötzlich verschwunden.

Eine verregnete Nacht. Zurück auf der Hütte der Panagia trafen wir unsere zwei Freunde, die dort übernachtet hatten.

Der Rückweg stellte sich mehr als feucht heraus, es regnete in Strömen. Hinzu kam noch Nebel. Die schmalen Pfade waren zu kleinen Bächen geworden, es half nichts, wir mussten mit den Schuhen hinein und hindurch.

Am späten Nachmittag gelangten wir etwas erschöpft in das Kloster Simonos Petras. Dreihundert Meter hoch thronte es über dem Meer, von weitem als eindrucksvolles Gebäude sichtbar. Immer wieder hatten wir bewundernd hochgeschaut – und jetzt durften wir hier übernachten. Wir versuchten unsere durchnässten Sachen zu trocknen. Einer unserer Freunde wusch seine etwas verschmutzte Hose aus. Nun hatte er aber für die Trapeza und für die Liturgie keine passende Kleidung mehr. Kurze Hosen sind auf Athos grundsätzlich nicht gestattet. Zum Glück hatte ihm seine fürsorgliche Ehefrau eine lange Schlafanzug-Hose eingepackt. Und die trug er nun zum Gottesdienst und zum Essen. Mit Sicherheit ein Novum in der bewegten Geschichte des Klosters. Ein Pilger im Schlafanzug!

Hoch über dem Meer: Kloster Simonos Petras

An solch heiligen Orten findet man häufig eine Legendenbildung. So auch bei diesem Kloster.

Gegründet sollte es vom Mönch Simon sein, der hier im 14. Jahrhundert in einer Höhle lebte. In einer Weihnachtsnacht sah er hier ein Licht auf dem Felsen. Er sah das als göttliches Zeichen an und beschloss, hier oben ein Kloster zu bauen. Das erwies sich jedoch als sehr schwierig und gefährlich, so dass die Schüler des Asketen zu murren begannen und den Bau abbrechen wollten. Da geschah ein Wunder, das ihre Stimmung änderte. Simon schickte den Bruder Isaias zum Getränke holen. Kaum zurückgekehrt rutschte der Bruder aus und fiel samt dem Tablett hinunter auf einen Felsvorsprung. Aber zum Erstaunen der Mönche tauchte plötzlich Isaias unversehrt mitsamt dem vollen Tablett wieder auf.

Dieses Zeichen liess die Mönche weiter arbeiten.

Weitere Eindrücke und Erlebnisse

Insgesamt waren es vier Pilger-Reisen auf den Heiligen Berg. Wir haben so gut wie alle zwanzig Klöster und auch Skiten kennen gelernt, in vielen übernachtet und in vielen im Vorraum den Gottesdiensten beigewohnt.

Nun, was geht einem Nicht-Orthodoxen so durch den Kopf, wenn er draussen im Narthex, dem Vorraum des Katholikons, sitzt, die Stimmen der Liturgie hört, aber nichts versteht, das Herein-und Herausgehen der Mönche sieht, aber den Sinn nicht begreift.

Ab und zu trat einer der Mönche, das Weihrauchgefäss schwenkend, aus dem Allerheiligsten heraus. Das verstärkte den Eindruck einer heiligen Handlung.

Das Nicht-Verstehen führt zum Schweifen der Gedanken und man beobachtet die einzelnen Mönche etwas intensiver.

Da gab es einen jugendlich wirkenden Mönch. Was mochte ihn bewogen haben, der Welt im Aussen zu entsagen und den Weg nach Innen in der Klostergemeinschaft der Patres zu suchen? Auf eine Frau, auf Kinder und Familie zu verzichten? War es eine Enttäuschung im beruflichen Alltag? Vielleicht ein unausstehlicher Vorgesetzter? War es gar eine unglückliche Liebe zu einer Frau, die sich einem anderen zuwandte? Oder wollte jemand seine kriminelle Vergangenheit auf diese Weise abbüßen? Kann es der Verdruss über die Oberflächlichkeiten und Äusserlichkeiten unserer heutigen Welt gewesen sein?

Wir wussten es nicht! Es kann so viele Gründe geben.

Auch Mönche sind nicht frei von Sünde: Die Strafe folgt auf dem Fuss.

Es gibt noch einige kleine Erlebnisse, die dieses Kapitel abrunden sollen.

Im Kloster Koutloumoussiou (über den merkwürdigen Namen habe ich an anderer Stelle berichtet) trafen wir auf einen jungen Mönch, der Deutsch sprach. Unverkennbar war seine Herkunft aus dem Sächsischen. Das was ihn aber auszeichnete, war sein Griechisch. Noch nie hatte ich jemals ein Griechisch mit sächsischen Akzent gehört. Ein akustischer Ohrenschmaus!

Wir trafen ihn auf den nächsten beiden Reisen bei einem Kurzbesuch im Kloster wieder.

Beim letzten Mal war er nicht mehr da. Ein anderer Mönch gab mir seine Handy-Nummer. Ich rief ihn an.

Auch unter den Mönchen gibt es Unverträglichkeiten, es sind auch nur Menschen mit allen Stärken und Schwächen. So war er wohl ausgezogen und lebte jetzt allein im Süden des Athos in einer Einzelzelle. Wo, das wollte er mir nicht verraten.

Fotografieren wird nicht gern gesehen. Noch immer höre ich die strenge Stimme des Portaris, des Torwächters am Kloster Vatopedi, als er einen serbischen Pilger hinter mir anfauchte, als dieser seinen Fotoapparat zückte: Er sei doch als Pilger gekommen und nicht als Tourist. Wenn er fotografieren wolle, dann solle er gefälligst nach Mykonos fahren.

Die zweite Reise führte uns zum serbischen Kloster Chilandari im Nordosten von Athos. Mein griechischer Freund und Führer Kostas hatte immer eine gewisse geografische Unruhe und so schlug er vor, das nicht allzu weit gelegene Kloster Esphigmenou zu besuchen. Durch eine fast toskanisch anmutende Landschaft kamen wir zu diesem Kloster. Dies sei ein besonders strenges Kloster, meinte Kostas, das die orthodoxe Lehre streng einhielt und jegliche Annäherung an die römisch-katholische Kirche im Sinn einer Ökumene vehement ablehnte. Das führte oft zu erregten Disputen der Äbte bei ihren Zusammenkünften im Hauptort Karyes. Man hatte ihnen sogar schon mal Telefon und Strom abgesperrt.

Wir waren gespannt, ob man uns überhaupt einliesse. Aber zu unserer Überraschung wurden wir freundlich empfangen und wie in allen anderen

Klöstern mit Kaffee, Tsipouro (dem griechischen Tresterschnaps) und Lokoumi willkommen geheissen. Der Portaris sprach sogar etwas deutsch.

Pater mit deutscher Bibel

In dem Kloster hatten wir noch ein rührendes Erlebnis. Wir durften durch das Kloster streifen. In einem der Arkadengänge öffnete sich eine Tür und ein älterer, gebeugter Mönch kam heraus und schaute uns etwas mürrisch-befremdet an. Als er deutsche Laute hörte, erhellte sich sein Gesicht und er versuchte, fast vergessene deutsche Wörter wieder aus dem Gedächtnis zu zaubern. Er hatte früher in Deutschland als Gastarbeiter bei Bertelsmann in Gütersloh gearbeitet. Wir sollten einen Moment warten, er müsse uns unbedingt noch etwas zeigen. Er verschwand kurz in seinem Zimmer und kam mit einer deutschen Bibel wieder heraus. Verschiedene Passagen waren von ihm angestrichen und er versuchte sie uns ohne Brille vorzulesen.

Wir verabschiedeten uns herzlich von ihm und ich bin sicher, wir haben ihm in seiner selbst gewählten Einsamkeit so etwas wie einen kleinen Lichtblick verschafft.

Das Katholikon, also die zentrale Gebetsstätte konnten wir leider nicht besichtigen.

Ein bemerkenswerter Besuch war auch die Skite Profitis Elias (Skiten sind eine Unterform der Klöster, obwohl sie teilweise größer sind, aber es gibt per Entscheidung nur zwanzig Groß-Klöster).

Im Kyriakon erlebten wir eine grandiose Ikonostase. Draussen begegneten wir hohem Besuch: Der Bischof von Sparta war da, mit einigen Begleitern und Jugendlichen. Da Bischöfe im Gegensatz zu den normalen

Ikonostase Prophitis Elias

Priestern in Land und Stadt nicht heiraten dürfen, gehörten die Jungs wohl zu Verwandten. Als diese hörten, dass wir aus Deutschland kommen, kam das Gespräch gleich auf Fussball. Borussia Dortmund war wohl ihr deutscher Lieblingsverein. Der Bischof hatte nichts dagegen, sich mit uns fotografieren zu lassen.

Mit dem Bischof von Sparta

Wir hatten nicht erwartet, ihn am selben Tag noch einmal zu treffen. Und zwar weiter im Süden im Kloster Karakallou.

Da wir unsere Schlafstätte noch nicht beziehen konnten, empfahl uns der Archontaris, der Gästebetreuer-Mönch, doch eine Wanderung zum Kloster Philotheou zu machen, das zu Fuss ca dreissig Minuten entfernt sei.

Was wir auch beherzigten, denn der Namen allein hatte mich immer schon interessiert: Denn Philotheou heisst Freund Gottes. Ein wunderschön gelegenes, in der Natur gelegenes Kloster.

Im Kloster Karakallou sollte zu Ehren des Bischofs eine Heilige Messe zelebriert werden, und zwar von 24 Uhr bis zum nächsten Morgen. Wir haben daran aber nicht teilgenommen, hörten aber in der Nacht die Glocke des Klosters und die Gebete. Die meisten Mönche waren auch nicht mehr die Jüngsten und man sah ihnen am nächsten Morgen die durchwachte Nacht an.

Der Bischof nickte mir noch zu und fragte mich, ob es mir hier gefallen hätte.

Die hölzerne Stundentrommel

Eines der ungewöhnlichen liturgischen Mittel ist die hölzerne Stundentrommel vom Heiligen Berg. Wenn Gottesdienst angesagt ist (und der ist häufig), dann läuft der dafür eingeteilte Pater mit diesem länglichen Brett, darauf klopfend, durch das Kloster. Man kann sich an diesen Klang direkt gewöhnen, er ist viel wohlklingender als Klingeln oder schrille Glocken.

Kloster Stavronikita

Das Kloster Stavronikita ist eines der kleinsten Klöster vom Heiligen Berg, ja, sogar das Kleinste. Wir hatten einige Male versucht, für eine Nacht in diesem Kloster unterzukommen, da das Kloster uns so gut gefiel. Aber die Mönche zeigten sich recht abweisend. Man kann es auf der einen Seite verstehen, denn Gäste - auch wenn sie spenden - kosten immer Aufwand und Geld. Aber mein Freund Kostas liess nicht locker und auf unserer letzten Reise, in der wir nur zu Dritt waren, erhielten wir ein Plazet. Im obersten Stockwerk erhielten wir ein schönes Zimmer.

Aber die Mönche wollten alles ganz genau wissen: Woher wir kämen, welche Konfession, welcher Beruf und warum wir überhaupt den Heiligen Berg besuchten.

Nach dem Abendessen (das wir allein ohne die Mönche zelebrierten) durften wir noch einen Blick in das Allerheligste, in das Katholikon, werfen. An den Wänden wertvolle Wandmalereien der kretischen Schule, erstellt von dem berühmten Maler Theophanes.An einer Seite hing eine alte Mosaik-Ikone des Hlg. Nikolaos. Sie hatte eine mythische Vorgeschichte.

Ikone des Hlg. Nikolaos

Fischer hätten die Ikone mit ihren Netzen aus dem Meer gefischt, wohin sie entweder von den Türken oder den Ikonoklasten geworfen worden war. Weiter erzählt die Legende von einer Auster, die auf der Stirn des Hlg. Nikolaos klebte und die man unter Substanzverlust entfernte. So nennt man die Ikone die des Hlg. Nikolaos Stridas (to stridi - Auster).

Dann war uns noch ein erwähnenswertes Erlebnis beschieden. Mein Freund Kostas hatte auf einer unserer früheren Fahrten den Mönch Pater Theokleitos (der von Gott Gerufene) kennen gelernt, der hier in der Nähe des Hauptortes Karyes allein lebte. Er lud uns zu einem Besuch ein. Er begrüsste uns mit Kaffee und zog sich dann zum Gebet zurück. Wir besorgten Brot, Käse und Wein. Man kann ja von einem Einzelnen nicht auch noch ein Essen erwarten.

Nach dem Essen lud er uns zu einer Messe in seine kleine Kirche (Kyriakon) ein. Wann hat man schon mal das Glück nur zu Dritt einer Messe beizuwohnen?

In der Einsamkeit: Die Kellie von Pater Theokleitos zuammen
mit einer kleinen, reich ausgeschmückten Kirche (Kyriakon).

Am nächsten Morgen erlebten wir einen strahlenden Sonnenaufgang mit
der kleinen Kirche des Paters im Vordergrund. Im Hintergrund zeigten
sich schemenhaft die Umrisse der Insel Thassos, die ich früher schon einmal besucht hatte.

Architektonisch-griechische Momente

Eines der schönsten Geschenke der griechischen Architektur an die Nachwelt ist die Ionische Säule mit ihrem wunderbaren Kapitell. Sie drückt so etwas aus wie Leichtigkeit, Beschwingtheit und Harmonie. Sie wirkt wie eine Feder, die mühelos das Auferlegte tragen kann.

Sie ist ein Geschenk der Götter an die Menschen, nicht Strenge walten zu lassen, sondern das, was ihnen die Götter aufgetragen haben, mit Frohsinn und Heiterkeit im Leben wahr werden zu lassen.

Wenn man genau hinschaut, dann zeigen die griechischen Götter doch auch so etliche menschliche Schwächen und auch Stärken.

In der ersten Ausgabe dieses Buches fehlte leider auf der Titelseite die von mir angegebene Ionische Säule.
Daher habe ich das Buch noch einmal neu drucken lassen.

Kurze Insel-Momente

Es gibt eine Reihe von griechischen Inseln, die wir zwar besucht haben und die sicher auch ihre Reize haben, die aber keinen so grossen Nachhall hinterlassen haben, um in diesem Buch ausführlicher erwähnt zu werden.

Dazu zählen:

Rhodos, Symi, Kos, Nissiros, Samos, Chios, Folegrandos, Tinos, Milos, Paros, Antiparos, Naxos, Amorghos, Sifnos, Serifos, Mykonos, Delos, Thirassia, Thassos, Meganissi.

All diejenigen, die eine von diesen Inseln ins Herz geschlossen haben, mögen es mir nachsehen, dass für sie nur für eine Randnotiz Platz ist.

Die Inseln Amorghos, Thassos, Samos, Ikaria und Kos haben wir jeweils eine Woche besucht.

Die Inseln Lefkas, Kephalonia, Chrissi wurden nur kurz gestreift.

Eine Insel, die sich mir leider nur am Morgen aus der Ferne präsentierte: Gavdos, südlich von Kreta, konnte ich nicht besuchen.

Literatur

Bamm, Peter; Frühe Stätten der Christenheit, Knaur, 1964

Bamm, Peter; An den Küsten des Lichts, Knaur,1983

Bamm, Peter; Welten des Glaubens, Aus den Frühzeiten des Christentums, Knaur, 1965

Kazantzakis, N.; Zauber der griechischen Landschaft, Heyne ex Libris, 1985

Kästner, Erhart; Die Stundentrommel vom Heiligen Berg, Insel-Verlag, 1974

Modick, Klaus; Der kretische Gast, KIWI, 2017

Starrach, H.; Der Ruf des Athos, Herder, 2002

Vasiliadis, Anesthis; Athos

Volkmer, D.; Die Odyssee – Ein psychologische Reise nach Ithaka, Books on Demand, 2013

Volkmer, D.; Athos – Unterwegs im Garten der Gottesmutter, 2. Auflage, Books on Demand, 2017

Athos
Unterwegs im Garten der
Gottesmutter

Books on Demand

Näheres unter
www.literatur.drvolkmer.de

Die Odyssee
Eine psychologische Reise nach
Ithaka

Books on Demand

Näheres unter
www.literatur.drvolkmer.de

Helena und Paris
Eine dramatische Liebesge-
schichte

Books on Demand

Näheres unter
www.literatur.drvolkmer.de

Alexander und Aristoteles
Eine späte (fiktive) Begegnung

Books on Demand

Näheres unter
www.literatur.drvolkmer.de

**Helena
Die Geschichte einer schönen Frau**

Books on Demand

Näheres unter
www.literatur.drvolkmer.de

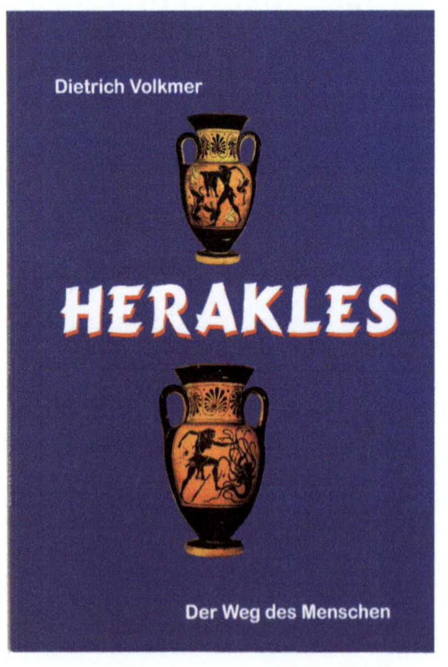

**Herakles
Der Weg des Menschen**

Books on Demand

Näheres unter
www.literatur.drvolkmer.de

**Frankfurt und die Götter des Olymp
Ein fiktiver Besuch aus der Antike**

Books on Demand

Näheres unter
www.literatur.drvolkmer.de